高等职业教育创新型人才培养系列教材

# 飞行器钣金与铆装技术

主　编　董小磊　吴鸿涛

副主编　吴玉超　刘章红　王安宇　郭红霞

主　审　刘清杰

北京航空航天大学出版社

## 内 容 简 介

本教材力求遵循由浅入深、由易到难、由简到繁、循序渐进的教学规律,系统地介绍飞行器零部件的铆接和钣金工艺,并依据飞行器制造职业岗位的典型工作任务构建学习模块和知识点,包括:定位与夹紧、制孔与制窝、冲击铆接、其他铆接方法、密封铆接、螺栓连接、铆接变形的原因与修复、钣金成型工艺简介及飞机结构图纸识读。

本书可作为高等职业院校、高等专科学校、技师学院、本科院校的二级职业学院及各类培训学校中航空装备类专业的教学用书,也可作为从事航空制造业的工程技术人员的参考用书。

**图书在版编目(CIP)数据**

飞行器钣金与铆装技术 / 董小磊,吴鸿涛主编. --
北京:北京航空航天大学出版社,2022.10
ISBN 978 - 7 - 5124 - 3905 - 4

Ⅰ. ①飞… Ⅱ. ①董… ②吴… Ⅲ. ①飞行器—钣金工 ②飞行器—铆工 Ⅳ. ①V47

中国版本图书馆 CIP 数据核字(2022)第 189296 号

**飞行器钣金与铆装技术**
主 编 董小磊 吴鸿涛
副主编 吴玉超 刘章红 王安宇 郭红霞
主 审 刘清杰
策划编辑 冯 颖 责任编辑 冯 颖
*
北京航空航天大学出版社出版发行

北京市海淀区学院路 37 号(邮编 100191) http://www.buaapress.com.cn
发行部电话:(010)82317024 传真:(010)82328026
读者信箱:goodtextbook@126.com 邮购电话:(010)82316936
北京建筑工业印刷厂印装 各地书店经销
*
开本:787×1 092 1/16 印张:10.25 字数:262 千字
2023 年 1 月第 1 版 2023 年 1 月第 1 次印刷 印数:2 000 册
ISBN 978 - 7 - 5124 - 3905 - 4 定价:35.00 元

# 前　言

　　"飞行器钣金与铆装技术"是高职高专航空装备类专业的核心专业课,以培养学生的飞行器制造工艺编制能力,钣金、铆接和装配等基本操作技能为目标,旨在培养能够从事飞行器产品零件的生产和装配的合格人才。本课程具有实践性强、综合性强和灵活性强三大特点。学习时,要重视实践性教学环节,如各种实习和实验,要注意理论与实践相结合,还应重视本课程的综合练习和课程设计。这不仅有助于理解和掌握理论知识,更重要的是有利于培养综合运用所学的知识,解决生产实际问题的能力。机械制造中的生产实际问题往往会因生产的产品不同、批量不同、具体生产条件不同而千差万别,学习时要特别注意灵活地运用所学的知识,根据具体情况来处理问题。切记不要死记硬背、生搬硬套。

　　本书内容共9章。第1章为飞行器装配的第一道工序——定位与夹紧,介绍如何正确选择装配基准、定位方法和固定形式,并着重阐述定位和固定的操作方法与要点。第2章介绍制孔和制窝,它是飞机装配铆接过程中的基本工序,每个铆装钳工都必须掌握各种制孔的方法及操作技巧,以保证制孔质量,提高飞机结构件的使用寿命。第3、4章详细介绍冲击铆接、压铆、抽芯铆钉铆接、环槽铆钉铆接、螺纹空心铆钉铆接、干涉配合铆接等铆接方法。第5章介绍密封铆接,它是铆装钳工的重要技能,也是必须掌握的技能,主要包括铆接的工艺过程、技术要求、工艺方法及故障排除方法等。第6章重点介绍螺栓连接的种类及操作步骤。第7章重点介绍在装配和铆接飞机构件板件和部件时,会经常碰到的各种各样铆接变形问题。第8章重点介绍航空钣金成形技术的特点和成型方法。第9章为选修内容,主要阐述识读飞机结构图纸的方法与技巧。

　　本书稿由四川航天职业技术学院的刘清杰、董小磊、吴鸿涛、吴玉超、刘章红、王安宇、郭红霞、兰春雷和中航成飞民用飞机有限责任公司工程部的陈勇、郚瓴共同编写。绪论部分由刘清杰执笔,第1章由吴鸿涛执笔,第2章由陈勇执笔,第3章由吴玉超执笔,第4章由郭红霞执笔,第5、6章由刘章红执笔,第7章由董小磊执笔,第8章由郚瓴执笔,第9章由兰春雷执笔。国家标准、行业标准及相关资料的整理与校对由陈勇和郚瓴共同完成。全书由刘清杰任主审。

在本书的编写过程中，参编的老师们付出了艰辛的劳动，而且得到了学院领导、系部领导以及部分师生的支持和帮助，如赵忠元、王舟、付文强、王一帆、伏胜康等，在此表示衷心的感谢。

受限于笔者之能力，本书内容难免有不妥之处，恳请读者批评指正，使之完善提高。

作　者
2022 年 7 月 23 日于广汉

# 目　　录

# 绪　论

近年来,中国正在从制造大国向制造强国不断迈进,作为制造业金字塔的尖端产业,飞行器制造技术取得了长足的进步与发展。钣金与铆装工艺被广泛应用于航空航天器、火箭和导弹等产品的蒙皮、框、肋以及壁板零件制造与装配。随着航空强国和航天强国发展战略的不断推进,钣金零件成形工艺水平和零部件装配水平也在不断提高。

钣金件,即薄壁五金件,是通过冲压、弯曲、拉伸等手段来加工的零件,是指在加工过程中厚度不变的零件。现代制造业中,此类产品的应用已遍及国民经济的各个部门,包括航空航天产业、各类型导弹系统、运载火箭和空间飞行器;冶金工业中的高炉壳体;机械工业中的制氧机、起重机、大型压力机机架;电力工业中的锅炉、冷凝器、铁塔;交通运输业中的飞机、机车、汽车、船体;建筑工业中的屋架、桥架;石化工业中的塔、器、罐等。钣金成形工艺,通常指厚度 6 mm 以下的金属薄壁型材与薄壁管材的冷加工工艺,是钣金制品成形的重要工序,既包括传统钣金件的切割下料、冲裁加工、弯压成形等方法及工艺,又包括零件的尺寸和形状矫正工艺,还包括各种冷冲、压结工艺,以及钣金模具成形技术和其他新工艺。钣金加工的一般流程为图样分析、图纸展开(数控冲床编程、激光切割机编程、工艺卡制作等)、放样和下料(剪床下料、冲床冲切、氧气切割、等离子切割、激光自动切割下料以及手工下料等)、成形加工(冲孔、拉深、折弯、冲弯、卷弯、翻边等)、表面处理(烤漆、电镀、喷丸、丝印等)和检验入库。

装配连接是运用适当的方法(铆接、螺纹、胶接和焊接等)将成形后的零件组装成部件或产品的过程。铆接工艺是钣金零件最为常用的一种装配连接工艺,操作内容包括制孔、锪窝和去毛刺等前序步骤,还包含冲击铆接、压铆、抽芯铆钉铆接、环槽铆钉铆接、螺纹空心铆钉铆接、干涉配合铆接等铆接方法。本教材在编写中主要参考了《冷作工艺学》《铆工工艺学》、国家职业资格培训教程《冷作钣金工》《冲压工艺》《金属塑性成型原理》《飞行器钣金与铆接工艺》和中国航天科技集团人力资源部组织编写的《高技能人才绝技绝招 100 例》等,将各方面知识分类统一于本书之中,使之更具综合性,同时采用项目导向式进行内容编排,每个项目目标都紧密贴合生产实际,在传统制造技术基础之上突出现代制造技术的应用,突出实践环节的实施策略和技巧,以结果为导向的项目式教学方法有利于提升高技能人才的培养质量。

本书根据专业技术发展现状,并结合生产实际选编了一些典型的工艺案例,以增强教材的实用性和实效性,内容全面、丰富,可以解决钣金成形和铆接装配中的常见问题。同时,理论分析充分,实例内容丰富,既介绍了钣金零件的成形方法,又阐述了零件的铆接装配方法。本教材的编写注重实践、突出重点、简明扼要,坚持以实用为主,以表格和图解的方式介绍有关技术资料,力求做到科学性、系统性、图表化、简明化,尽可能在有限的篇幅内包含更多的实用性内容。其中所引用的有关技术标准均为最新的国家标准或部颁标准,其内容比较全面,数据实用准确,有较强的直观性。

# 第1章 定位与夹紧

作为飞机装配的第一道工序,定位与夹紧的精确程度会直接影响飞机各个部件的外形精确度,进而对整个飞机铆接装配都有着举足轻重的影响。因此,正确选择装配基准、定位方法和固定形式,对于保证后续工序的正常进行至关重要。

## 1.1 装配基准选择

选择不同的装配基准,在工艺性和最终飞机外形的精确度上都会有明显的区别。根据飞机本身特点和工艺要求选择合适的装配基准是装配开始前的一项重要工作。

飞机铆接装配中常用的几种装配基准及其特点如表1.1所列。

表 1.1 常用的装配基准

| 基准类型 | 装配顺序 | 误差特点 | 适用场合 | 准确度 |
|---|---|---|---|---|
| 蒙皮外形 | 1.将蒙皮在型架的外形卡板上定位<br>2.将骨架零件贴靠到蒙皮上并压紧<br>3.将两半骨架连接起来 | 误差从外向内累积 | 高速飞机 | 外形准确度高 |
| 蒙皮内形 | 1.蒙皮压紧在型架的内托板<br>2.将骨架零件装到蒙皮上并压紧<br>3.将骨架零件与骨架相连接 | 仅多出由于蒙皮厚度产生的误差 | 大型飞机机身部件 | 外形准确度较高 |
| 骨架 | 1.将骨架在型架上定位并进行铆接<br>2.将蒙皮到骨架上并压紧<br>3.将蒙皮与骨架铆接 | 误差从内向外累积 | 低速飞机 | 外形准确度差 |

## 1.2 常用定位方法

### 1.2.1 划线定位

根据图样给定的尺寸,经量具测量后,用划线工具划线确定零件的装配位置的方法,称为划线定位法。划线定位常用到的工具有钢板尺、高度游标尺、划线用铅笔、划线用马克笔、划针等。

由于量具存在测量误差,且划线工具在划线过程中也会存在误差,因此划线定位的精确程度不高,一般用于精度要求不高的部位(如某些翼肋上的加强角材件,见图1.1)或者不影响气动性能的机身内表面。

**1. 典型工艺流程**

划线定位的典型工艺流程如表1.2所列。

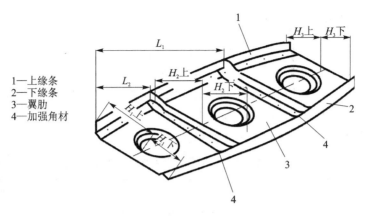

1—上缘条
2—下缘条
3—翼肋
4—加强角材

图 1.1  翼肋加强角材的定位

表 1.2  划线定位的典型工艺流程

| 序  号 | 工  序 | 注意事项 | 目  的 |
|---|---|---|---|
| 1 | 看懂图样 | 确定航向以及左右件 | 防止装错或装反 |
| 2 | 确定基准线 | 一般选择中轴线或构造水平线 | 确定划线位置 |
| 3 | 划线 | 基准统一 | 防止误差累积 |
| 4 | 检验划线质量 | 对照图纸仔细检查 | 检查划线误差是否超差 |
| 5 | 固定 | 保护表面 | 防止损伤工件 |

**2. 质量控制**

在划线定位时,为了提高划线准确性和保护工件,质量控制要求如下:

(1) 划线笔的选择要符合技术要求,以免损伤零件表面。

(2) 若选用铅笔划线,应按要求磨削到足够的粗细,以免笔迹太粗,进一步增加误差。

(3) 划线笔在划线方向上应与铅垂面保持 30°夹角,笔身与工件的工作表面保持垂直,如图 1.2 所示。

(4) 暂时固定时,要保护好表面,以免划伤或磕伤工件。

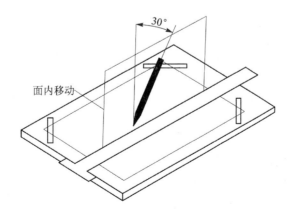

图 1.2  划线笔的移动方向

## 1.2.2 晒线定位

晒线定位是指在腹板等平面零件上按明胶模线图板1:1地晒出安装在其上的其他零件的形状和位置线,这些零件各按其本身的位置线定位。

这种方法相较于划线定位,省略了划线和定位,从而可以达到较高的精度。一般用于低速飞机上与气动表面无关的零件或加强件的定位。

晒线定位的典型工艺流程如表1.3所列。

表1.3 晒线定位的典型工艺流程

| 序 号 | 工 序 | 注意事项 | 目 的 |
|---|---|---|---|
| 1 | 看懂图样 | 重点检查零件之间、零件与基准是否协调 | 防止装错或装反 |
| 2 | 对照检查零件与图样 | | |
| 3 | 钻制定位孔 | 孔径应符合技术要求 | 防止孔径超差 |
| 4 | 用定位销固定 | 固定销与产品接触面应粘软质防磨材料 | 防止磨损 |
| 5 | 依次安装 | 按照工艺文件依次安装 | 检查是否有错误,保证装配精度和装配质量 |
| 6 | 检查零件定位是否正确 | | |

## 1.2.3 装配孔定位

装配孔定位是指装配时用预先在零件上制出的孔来确定位置。装配孔通常是按样板预先在两面要装配的零件上钻制出来的孔,其孔径按技术文件规定制取,每个零件上装配孔的数量不应少于2个,对于尺寸大、刚性差的零件应适量增加。这种定位方法适用于平板零件和单曲面零件,如图1.3所示。

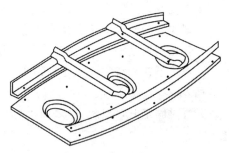

图 1.3 装配孔定位法

**1. 定位程序**

(1) 对照装配图样检查零件是否合格,装配孔是否协调。

(2) 按装配指令的顺序依次将零件的装配孔对准,用定位销或定位螺钉进行固定。

(3) 检查零件固定是否正确。

**2. 注意事项**

➢ 注意零件是右件还是左件,不要装反。

➢ 注意零件是装在前面还是装在背后。

➢ 注意零件上下两端,不要装颠倒。

➢ 操作中注意保护零件表面,避免划伤、碰伤和磕伤。

➢ 固定用具与产品接触面应粘软质防磨材料。

## 1.2.4　型架定位

　　型架定位是指零件或组件的位置按装配夹具(型架)上的定位件来确定,如图 1.4 所示。定位件是装配夹具(型架)的主要元件,形式多种多样,以适配各种不同形式的零件或组件。

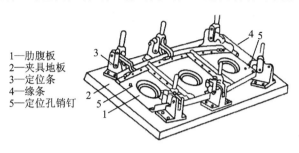

1—肋腹板
2—夹具地板
3—定位条
4—缘条
5—定位孔销钉

图 1.4　型架定位示意图

**1. 常见的几种定位形式**

(1) 以外形卡板定位蒙皮外形,如图 1.5 所示;以外形卡板定位骨架外形,如图 1.6 所示。

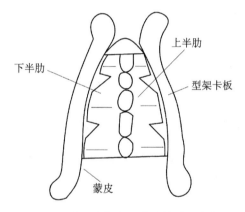

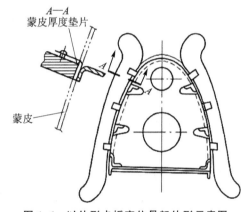

图 1.5　外形卡板定位蒙皮外形示意图　　　图 1.6　以外形卡板定位骨架外形示意图

(2) 以内托板定位蒙皮内形,如图 1.7 所示。

(3) 以包络板定位蒙皮外形,如图 1.8 所示。

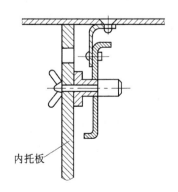

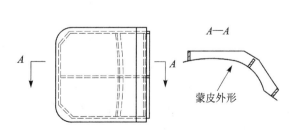

图 1.7　以内托板定位蒙皮内形示意图　　　图 1.8　以包络板定位蒙皮外形示意图

（4）以定位孔定位：在夹具上给出定位器，同时在零件上通过样板钻出定位孔，通过所钻出的孔来确定零件在夹具上的位置，一般用于定位与外形无关的腹板，但对于外形准确度要求不高的飞机也可用来定位与外形有关的隔框及翼肋等零件。图1.9所示为某型机机身板件装配夹具隔框的定位。

（5）以耳子或叉子定位器定位叉子或耳子形式的接头如图1.10所示。

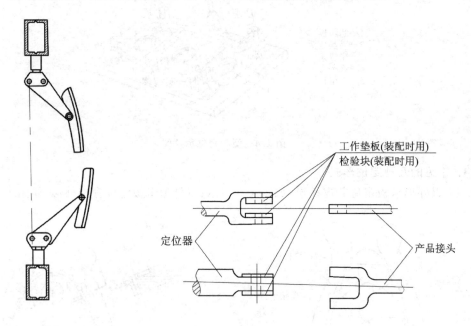

图1.9　定位孔定位示意图　　　　图1.10　以耳子或叉子定位产品的叉子或耳子

（6）以定位板定位，常见的有在卡板上伸出定位板定位隔框或翼肋的轴线位置（包络式夹具则经常用卡板来确定主要构件的位置），或者在卡板或托板上安装挡板来确定长桁或角材等的位置等（如图1.11所示）。

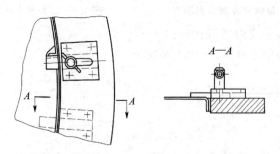

图1.11　以定位板定位翼肋和长桁示意图

装配夹具（型架）是保证飞机气动外形和零组件的相对位置准确所不可缺少的装备，除了起定位作用外，还有控制零件形状和减少铆接变形的作用。对于薄壁结构的一些尺寸大、刚性差的零件的定位，往往采用超六点的"过定位"方法。

**2. 型架定位的定位程序**

型架定位法的典型工艺流程如表1.4所列。

表 1.4　型架定位法的典型工艺流程

| 序　号 | 工　序 | 注意事项 | 目　　的 |
|---|---|---|---|
| 1 | 将各定位元件放置于工作位置 | 了解各定位器,压紧件的功用 | 确保安装位置的正确性 |
| 2 | 将压紧件退到非工作位置 | | |
| 3 | 将零件或组合件装到定位件上 | 注意型架所标志的航向、构造水平线、对称中心线、弦线、各种轴线、切割线 | |
| 4 | 定位及压紧被安装零组件 | 检查叉耳接头两侧间隙是否相等 | |
| | | 检查工艺垫片是否已经垫好 | |
| | | 基准面与定位器应紧密靠合 | |
| | | 型架各配合部位如使用不灵活,应注油润滑,不可敲打 | 防止型架形变 |
| 5 | 划线或按导孔钻固定孔 | 定位件、压紧件等如有尖角部位要采取防护措施 | 防止磕伤碰伤零件 |
| 6 | 用定位销作临时固定 | | |

## 1.2.5　标准工艺件定位

按产品零件或组件的主要尺寸1:1地制造一个标准工艺件(甚至在工艺件上可以制出一些缺口或安装上一些定位件),用这些标准工艺件来代替零件或组件以确定其他构件的位置,待其他构件连接之后再卸下这些工艺件而换上相应的零件或组件,完成装配,称为标准工艺件定位法。例如,采用几个中段肋的工艺件,在前梁或后梁定好位之后来确定后梁或前梁的位置;又如,某型机的货舱门,各梁的位置是靠工艺蒙皮上的定位角材来确定的,骨架装好之后再装上外蒙皮而在夹具内钻孔、铆接。图1.12为工艺肋及工艺蒙皮的示意图。

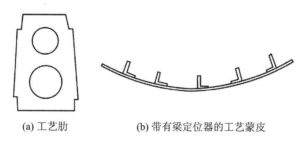

(a) 工艺肋　　　　　(b) 带有梁定位器的工艺蒙皮

图 1.12　工艺肋及工艺蒙皮示意图

# 1.3　定位后的固定

## 1.3.1　固定的含义及目的

参加铆接装配的零组件,按选用的定位方法定好位后,都要在铆缝上隔一定数量的铆钉或隔一定距离,用铆钉或穿心夹等进行连接,称为固定。

固定的目的在于使参加装配的零组件在铆接装配过程中始终符合定位要求,防止互相串位及因串位可能引起的变形。

对于为提高疲劳强度或要进行缝内涂密封胶铆接而要进行二次装配的部件来说,其预装配中更应注意搞好固定,以保证钻孔、分解、除毛刺和涂胶后,能顺利地进行正式装配,不串位,不变形,符合定位要求。在成批生产中,装配件在型架(夹具)上通过固定铆接后,可从型架中取下,在架外铆接,提高型架利用率;有些零组件在架内铆接不开敞部位,固定铆接后,到架外进行补铆。

## 1.3.2 固定形式

铆接中常用的固定形式如表1.5所列。

表1.5 常用的固定形式

| 固定形式 | 特 点 | 图 示 |
|---|---|---|
| 打固定铆钉 | 铆钉尺寸可与图样尺寸一致,也可小一号;<br>铆接结束后需分解固定钉,再打上与图样一致的铆钉 | 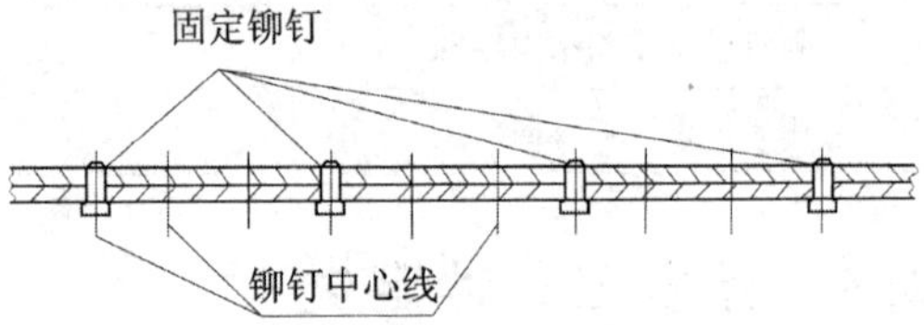 |
| 上固定螺栓 | 一般用在铆接件铆缝部件的层数多,总厚度比较大的情况 | 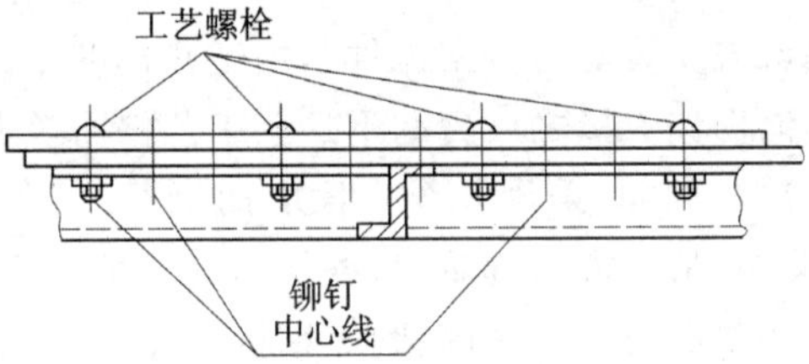 |
| 穿心夹固定 | 一般用于刚性小的薄壁结构,总厚度在2 mm以内的连接件 | 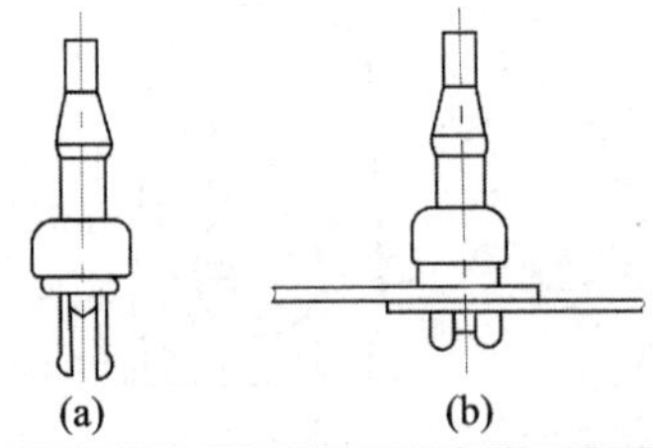 |

## 1.3.3 固定距离的选择

固定的距离,即固定点的数量由产品的形状和外廓尺寸大小而定。对于曲面形状、刚性较弱件和外形准确度要求较高的部位,所用固定铆钉或穿心夹的数量要多。

表1.6 不同工件形状的固定距离

| 项 目 | 平面件 | 单曲面件 | 双曲面件 |
|---|---|---|---|
| 刚性好 | 200～300 mm | 100～200 mm | 每隔一孔固定一点,进行密集固定 |
| 刚性差 | 100～200 mm | 50～100 mm | |

## 1.3.4　固定顺序

固定顺序,与铆接顺序方法一样,可用中心法或边缘法进行固定,以避免连接件产生鼓起和波纹等变形,如图 1.13 和图 1.14 所示。

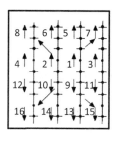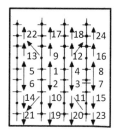　　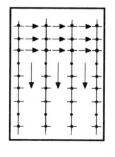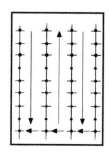

图 1.13　中心法固定顺序示意图　　　　　　　图 1.14　边缘法固定顺序示意图

## 1.3.5　其他注意事项

**1. 在型架内进行固定铆接的要求**

零件按型架定位并修配好后,进行固定铆接,使零件固定牢靠,装配件具有一定的刚度,装配件从型架取出后,零件之间不会串位,也不会产生较大的变形,才能达到固定铆接的要求。经验证明,架内完成的固定铆接应占总铆接量的 25%～40%。

**2. 在型架内预装配的固定要求**

首先进行初步固定,即用中心法或边缘法顺序要求,在铆缝上放置穿心夹或固定螺栓。然后在初步固定的固定点之间,按连接件的形状、尺寸大小和刚性再增加固定点。对于超薄壁结构件和密封铆接件,在用中心法或边缘法进行初步固定时,一般都采用密集性固定,即每隔一个孔就固定一点。除防止变形,还便于插钉。二次装配时,一定要按原固定孔固定。

**3. 对于曲率较大的半开口结构的固定要求**

固定时要采取反变形措施,即沿铆接变形相反方向,预先人为地改变工件的外形进行固定,如图 1.15 和图 1.16 所示。固定时采用反变形法,即向变形的反方向支撑产生 $\Delta L$。$\Delta L$ 的大小根据经验确定。图 1.16 所示结构的内蒙皮一般都用抽芯铆钉铆接,固定内蒙皮时用反变形法,使其产生 $\Delta L$。

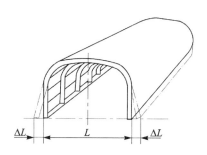　　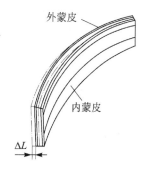

图 1.15　半开口结构件固定示意图　　　图 1.16　曲率较大的结构件固定内蒙皮示意图

# 课后练习题

## 一、选择题

1. 下列选项中,哪一项不是飞机的铆接装配中经常使用的装配基准( )。
   A. 以蒙皮内形为基准
   B. 以蒙皮外形为基准
   C. 以飞机骨架外形为基准
   D. 定位面基准

2. 固定铆钉的大小应选择( )。
   A. 比图样大一号的铆钉
   B. 和图样一样大或比图样小一号的铆钉
   C. 比图样小一号的铆钉
   D. 能固定即可,大小不限

3. 对于铆装前的固定,固定点之间的距离,以下说法不正确的是( )。
   A. 双曲面件的固定距离比单曲面的固定距离小
   B. 固定距离受到曲面形状,零件刚性及对工件外形准确度的要求决定
   C. 平面件比单曲面的固定距离大
   D. 双曲面件刚性较好时,固定距离取 200~300 mm

4. 铆接件铆缝部件的层数多,总厚度比较大时,一般选择( )固定方法。
   A. 小一号的固定铆钉
   B. 同号的固定铆钉
   C. 固定螺栓
   D. 穿心夹

5. 架内完成的固定铆接应占总铆接量的( )。
   A. 25%~40%　　B. 12%~25%　　C. 20%~30%　　D. 40%~50%

## 二、填空题

1. 常见定位方法有 _____、_____、_____、_____、_____、
   _____、_____。

2. 飞机的铆接装配中经常使用的装配基准有 _____,_____,_____。

3. 飞机铆接装配中,单曲面件的固定距离一般选择 _____。

4. 型架固定时,架内完成的固定铆接应占总铆接量的 _____。

5. 以蒙皮外形为基准,误差是从 ____ 向 ____ 累积的。

## 三、判断题

1. 固定顺序与铆接顺序可用中心法或边缘法进行固定。( )

2. 定位程序中左右对称件装反也没有关系。( )

3. 夹具各配合部位如不灵活应用铁锤用力敲。( )

4. 固定螺栓一般适用于刚性小的薄壁结构,总厚度在 2 mm 以内的连接件。( )

5. 晒线定位法相较于划线定位,省略了划线和定位,从而可以达到较高的精度。( )

## 四、简答题

1. 简述固定在铆接装配中的作用。

2. 简述如何选择固定的距离。

3. 简述装配夹具定位的注意事项。

4. 简述晒线定位法的装配过程。

5. 划线定位有哪些注意事项?

# 第2章 制孔与制窝

制铆钉孔是飞机装配铆接中采用的基本工序,每个铆装钳工都必须掌握各种制孔的方法及操作技巧,以保证制孔中的质量,提高飞机结构的使用寿命。

## 2.1 制　孔

普通铆钉的制孔方法一般有冲孔、钻孔和铰孔。

冲孔是借助于冲孔设备在薄板件上制孔的方法,冲孔虽然可以提高生产率,但易于产生裂纹、毛刺等缺陷,特别是对敏感性高的材料(如 LC4)不允许采用冲孔方法,因此在飞机装配中,冲孔这种方法并不常使用。

铰孔是孔的精加工方法之一,是一种较为经济实用的加工方法,在生产中应用很广。常用的有整体圆柱形机铰刀与手铰刀、可调节式手铰刀、螺旋槽手铰刀,如图 2.1 所示。

(a) 整体圆柱形铰刀　　　　(b) 可调节式手铰刀　　　　(c) 螺旋槽手铰刀

图 2.1　铰　刀

本节主要介绍钻孔。

钻孔是制铆钉孔的主要方法,和冲孔相比,它能获得比较光洁的孔壁。对于一些较大孔,通常采用先钻一个较小的初孔,然后再进行扩孔的方式来保证孔的精度。

不同制孔方式的工具设备、工艺特点及适用范围如表 2.1 所列。

表 2.1　不同制孔方法的工艺特点及适用范围

| 加工方法 | 达到的公差带、表面粗糙度 $Ra/\mu m$ | 工具、设备 | 工艺特点 | 适用范围 |
|---|---|---|---|---|
| 钻孔 | H12<br>3.2~6.3 | 钻头、风钻、台钻等 | 操作简单,容易掌握,切削量大,效率高 | 用于公差带 H12 孔的加工,或公差带 H8、H9 孔的初加工 |

| 加工方法 | | 达到的公差带、表面粗糙度 $Ra/\mu m$ | 工具、设备 | 工艺特点 | 适用范围 |
|---|---|---|---|---|---|
| 用扩孔钻扩孔 | | H11 1.6～3.2 | 扩孔钻、风钻、台钻等 | 操作方法简单、效率高,采用带前导杆的扩孔钻易于保证孔的质量 | 于公差带 H11、H12 孔的加工,或为了提高钻孔的精度和光度作为孔精加工前的加工 |
| 手铰 | | H7,H8,H9 0.8～1.6 | 铰刀、铰杠 | 灵活性强,不需要设备,但手工操作的劳动量大,效率低。要求工人的技术水平高,加工质量受人为因素的影响大 | 可达性最好,特别适用不开敞部位。但孔的直径一般在 30 mm 以下,孔不宜太深 |
| 风钻铰孔 | | H9 0.8 | 铰刀、风钻 | 灵活性较强,效率高。要求工人的技术水平高,质量不够稳定 | 只适用于在薄件(10 mm 以下)上小直径(8 mm 以下)的孔。要求结构比较开敞 |
| 拉孔 | | H7,H8,H9 0.8～1.6 | 拉刀、拉削设备 | 操作简单、效率高、质量稳定。设备简单、移动方便、易接近产品。对于初孔的垂直度要求较高 | 适用于比较开敞的部位,在钢件或铝件上精加工直径在 20 mm 以下的孔。对于成排、成组的孔,更能发挥其优点 |
| 自动进给钻制机 | 钻孔 | H12 3.2～6.3 | 自动进给、风钻、钻头、扩孔、钻铰刀、镗刀 | 操作简单,效率高,能制出高质量光洁孔,基本上不产生毛刺,各种转速下的进给量按预定值操作较省力 | 适用于在坚硬材料或其他特种材料上制孔,孔径可达 76.2 mm(3 in)。可以与装配型架的钻模配合使用 |
| | 扩孔 | H11 1.6～3.2 | | | |
| | 铰孔 | H7,H8,H9 0.8～1.6 | | | |
| | 镗孔 | H6,H7、H8 0.18～1.6 | | | |

## 1. 钻孔的技术要求

(1)铆钉孔直径及其极限偏差见表 2.2。

**表 2.2　铆钉孔直径及其极限偏差**

单位:mm

| 铆钉直径 | 2.0 | 2.5 | 2.6 | 3.0 | 3.5 | 4.0 | 5.0 | 6.0 | 7.0 | 8.0 | 10.0 |
|---|---|---|---|---|---|---|---|---|---|---|---|
| 铆钉孔直径 | 2.1 | 2.6 | 2.7 | 3.1 | 3.6 | 4.1 | 5.1 | 6.1 | 7.1 | 8.1 | 10.1 |
| 铆钉孔极限偏差 | +0.1 0 | | | | | +0.15 0 | | | +0.2 0 | | |
| 更换同号铆钉时孔极限偏差 | +0.2 0 | | | | | +0.3 0 | | | | | |

(2)孔粗糙度 $Ra$ 值不大于 6.3 $\mu m$。

(3)孔不允许有棱角、破边和裂纹。

(4)孔圆度应在铆钉孔直径极限偏差内。

（5）孔周不允许有毛刺。

常用的去除毛刺的方法如下：

① 用风钻安装"毛刺锪钻"去毛刺（见图 2.2）；

② 用比铆钉孔大 2～3 级的钻头去毛刺（其顶角为 120°～160°）（见图 2.3）；

去毛刺时，风钻转速不宜太大，压力要适当；去毛刺允许在孔边形成 0.2 mm 深的倒角。

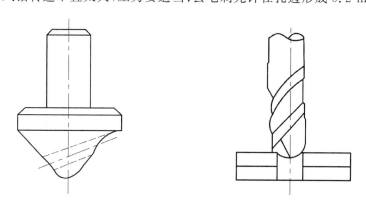

图 2.2　毛刺锪钻　　　　　　　　　图 2.3　大钻头去毛刺

③ 碳纤维复合材料，孔壁应光滑，不应有分层、划伤、劈裂、毛刺、纤维松散等缺陷存在。

**2. 钻孔的注意事项**

不同钻孔场景下需要的注意事项以及目的如表 2.3 所列。

表 2.3　钻孔的注意事项及目的

| 钻孔场景 | 注意事项 | 目　的 | 图　示 |
|---|---|---|---|
| 边距要求不同的零件 | 从边距小的一面往大的方向钻 | 防止边距小的一面应力集中 | |
| 不同厚度的零件 | 从厚到薄 | 先难后易<br>提高钻孔质量 | 厚<br>薄 |
| 不同硬度的零件 | 从硬到软 | | 钢<br>铝 |
| 按骨架上的导孔向蒙皮钻孔 | 先钻小孔，然后从蒙皮一面将孔扩到最后尺寸 | 提高钻孔精度 | |
| 压窝零件上钻沉头铆钉孔 | 按表 2.4 钻与压窝器导销直径相同的初孔 | 保证沉头窝与铆钉孔的同轴度 | |

| 钻孔场景 | 注意事项 | 目　的 | 图　示 |
|---|---|---|---|
| 在曲面工件上钻孔 | 钻头应垂直于被钻部位的表面 | 法线方向钻孔不易打刀 | |
| 在楔形件上钻孔 | 钻头应垂直于两斜面夹角的平分线 | 钻入、钻出时钻头受力相同,不易打刀 | |
| 在圆柱形工件上钻孔 | 钻孔前应在孔位上打冲点;<br>钻孔时将工件放置于V形块上或用手扶紧 | 防止钻头窜动;<br>提高钻孔成功率 | |
| 在刚性较差的薄壁板工件上钻孔 | 工件后面一定要有支撑物 | 防止工件受压变形 | |
| 在小零件上钻孔 | 可采用手虎钳或克丝钳夹住零件钻孔 | 防止孔位偏差 | |
| 较厚工件上钻孔 | 可采用简易钻孔导套和专用钻孔导套钻孔,或使用钻模钻孔 | 提高孔位的精度;<br>保证孔与零件端面的垂直度 | |

续表 2.3

| 钻孔场景 | 注意事项 | 目　的 | 图　示 |
|---|---|---|---|
| 较厚工件上钻孔 | 采用二次钻孔法,先钻初孔,然后,使用最后直径钻头扩孔 | 提高孔位的精度;保证孔与零件端面的垂直度 | |
| 在不开敞结构部件钻孔 | 采用弯钻钻孔 | 提高钻孔的可达性 | |
| 在不开敞结构部件钻孔 | 采用长钻头钻孔 | 提高钻孔的可达性 | |
| 平面形组合体如:梁、肋、框等 | 尽可能使用台钻进行钻孔 | 提高钻孔效率;提高钻孔精度 | |

表 2.4　压窝器导销直径

mm

| 铆钉直径 | 2.0 | 2.5 | 2.6 | 3.0 | 3.5 | 4.0 | 5.0 |
|---|---|---|---|---|---|---|---|
| 压窝器导销直径 | 1.7 | 2.2 | | 2.5 | | 3.0 | |

**3. 钻孔刀具及切削参数的选择**

针对不同材质的工件,使用的钻头和切削参数不同。常用的材料及参考加工参数如表 2.5 所列。

表 2.5　不同材料钻孔时钻头和切削参数

| 材　质 | 钻　头 | 风钻转速/$(r \cdot min^{-1})$ | 切削速度/$(m \cdot min^{-1})$ | 进刀量/$(mm \cdot r^{-1})$ | 注意事项 | 切削液 |
|---|---|---|---|---|---|---|
| 铝合金 | | | 45~90 | | 注意排屑,防止刀瘤 | 煤油与菜油混合液 |
| 钢 | 硬质合金钢钻头 | 600~900 | <10 | 0.1~0.3 | 钻头不锋利时不能强行钻孔,以免材料硬化 | |

续表 2.5

| 材 质 | 钻 头 | 风钻转速/(r·min⁻¹) | 切削速度/(m·min⁻¹) | 进刀量/(mm·r⁻¹) | 注意事项 | 切削液 |
|---|---|---|---|---|---|---|
| 镁合金 | | 转速要低 | <10 | 适当加大 | | 硫化油 乳化液 |
| 钛合金 | 硬质合金 氮化碳 高速钢镀钛 短而锋利的麻花钻 | 700~800 | 8~10 | 0.07~0.09 | | |
| 碳纤维复合材料 | 钨-钴类硬质合金 复合型钻头 (如图2.4所示) | 1 200~2 000 | | 0.02~0.1 | 先启动,再接触 出口支撑,以免撕裂 勤磨刀,勤换刀 | 不使用 |

图 2.4　复合型钻头

### 4. 钻孔操作要点

➤ 装夹钻头,一定要用钻夹头钥匙装卸,严禁用手打钻夹头或用其他方法装卸钻头,以免风钻轴偏心,影响孔的精度(见图2.5)。

➤ 右手握紧风钻手柄,中指掌握扳机开关和无名指协调控制进风量,灵活操纵风钻转速,左手托住钻身,始终保持风钻平稳向前推进(见图2.6(a))。

➤ 钻孔时要保证风钻轴线和水平方向与被钻工件表面垂直(见图2.6(b)),楔形工件钻孔除外。

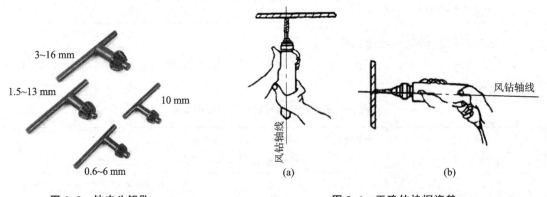

图 2.5　钻夹头钥匙　　　　图 2.6　正确的持握姿势

➤ 钻孔时风钻转速要先慢后快,当快钻透时,转速要慢,压紧力要小;在台钻上钻孔时,要根据工件材质,调整转速和进刀量。

➤ 使用长钻头钻孔时,一定要用手掌握钻头光杆部位,以免钻头抖动,使孔径超差或折断钻头。

> 使用风钻钻较厚工件时,要用目检或90°角尺检查垂直度(见图2.7),钻孔时还要勤退钻头排屑。

**5. 钻孔安全技术**

> 严禁戴手套钻孔,防止钻头绞住手套伤人。
> 仰卧姿势钻孔,要戴护目镜,防止钻屑进入眼中。
> 用手拿住工件钻孔,一定要捏紧,手不能置于钻头出口处。
> 钻孔时工件要夹紧,防止工件松动,旋转伤人(见图2.8)。
> 钻孔过程中,不准用手拉钻头导出的钻屑,以防伤手。
> 双人在工件的两面工作,一人在对面钻孔时,要防止钻头伤人(见图2.9)。

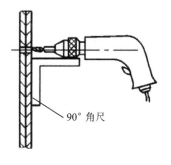

**图 2.7 用直角尺检查钻孔垂直度**

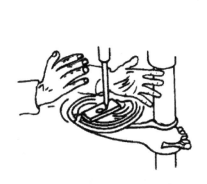

**图 2.8 工件松动后旋转伤人**

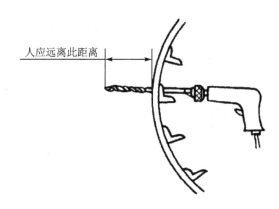

**图 2.9 钻孔时的安全距离**

# 2.2 制沉头铆钉窝

沉头铆钉铆接,需在工件上制沉头铆钉窝。制沉头铆钉窝的主要方法有两种,即锪窝法和压窝法。

## 2.2.1 制窝方法的选择

根据蒙皮和骨架的厚度确定制窝方法,见表2.6。

如果蒙皮厚度不大于0.8 mm,骨架为两层或两层以上,而每层厚度都不大于0.8 mm,其总厚度又不小于1.2 mm,且不能分别压窝,则采用蒙皮压窝、骨架锪窝的方法。

挤压型材不允许压窝,只能锪窝。

多层零件压窝一般应分别进行,当必须一起压窝时,其夹层厚度不大于1.6 mm。

镁合金、钛及钛合金、超硬铝合金及1 mm以上厚度的零件压窝,都要采用热压窝。

表 2.6　根据零件厚度选择制窝方法

| 蒙皮厚度 | 骨架厚度 | 制窝方法 | 简　图 |
|---|---|---|---|
| ≤0.8 | ≤0.8 | 蒙皮、骨架均压窝 | |
| | >0.8 | 蒙皮压窝、骨架锪窝 | |
| >0.8 | 不限 | 蒙皮锪窝 | |

## 2.2.2　锪窝法

锪窝法又称划窝法,是指用锪钻在孔周形成锥形沉孔的一种加工工艺。

**1. 锪窝钻的选择**

根据孔径的大小、沉头窝的角度及部件结构,选择锪窝钻的大小、规格。

首选带限制器的锪窝钻锪窝,确保窝的深度和窝的垂直度(见图 2.10)。

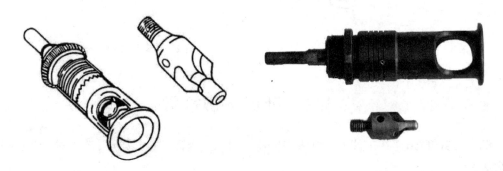

图 2.10　带限制器的锪窝钻

锪窝处结构件碰限制器影响锪窝时,允许单独使用锪窝钻锪窝(见图 2.11);若锪窝钻长度不够,可安装在保证同轴度的长套管上进行锪窝(见图 2.12)。

在斜面上锪窝应使用带球形短导杆锪窝钻(见图 2.13)。

当工件窝面用普通锪窝钻无法窝时可以使用反锪窝钻锪窝(见图 2.14)。

还可采用复合钻,使钻孔锪窝一次完成,提高生产效率。复合钻可以装在限制器上或直接夹在风钻上使用,也可装在自动钻铆机上使用。

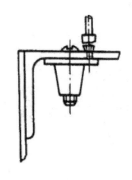

图 2.11　用锪窝钻头锪窝

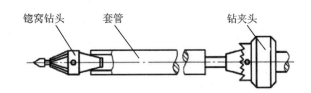

图 2.12　安装长套管的锪窝钻头

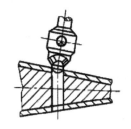

图 2.13　带球形短导杆锪窝钻

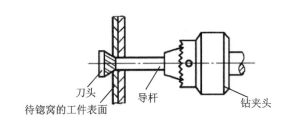

图 2.14　反锪窝

**2. 锪窝操作技术要点**

➢ 锪窝前,先检查锪窝钻的大小、切削刃的锋利情况、导销杆的大小,再在试件上进行调整限制器锪窝钻锪窝的深度。用铆钉或标准铆钉窝规检验窝的深度,至少要检验 5 个窝,检查合格后,再在工件上锪窝,在工件上锪窝也要先检验合格后,才能继续锪窝,锪窝过程中,每 50～100 个窝,必须自检一次窝的质量。

➢ 使用带限制器的锪窝钻锪窝时,一手扶住限制器,防止导套旋转,磨伤工件表面,另一手握紧风钻。

➢ 锪窝过程中,风钻不能抖动,给风钻的进给力要均匀,不能忽大忽小,否则可能导致锪窝深度不一致。

➢ 锪窝钻要垂直工件表面,限制器前端面应与工件窝表面相贴合。

➢ 在薄零件或刚性差的结构件上窝时,要防止进给压力作用,使工件反弹,影响锪窝质量。

➢ 若为钢质零件和钛合金锪窝,风钻转速要低。

➢ 使用不带限制器锪窝钻锪窝时,进给力要小,且要勤退钻并检查窝孔深度。

➢ 在复合材料上锪窝,应先启动风钻,再进行工件锪窝,防止表层拉毛。

## 2.2.3　压窝法

压窝法又分冷压窝和热压窝。冷压窝在室温下压窝,热压窝将材料加热到一定温度时压窝。

**1. 压窝工艺过程**

压窝的典型工艺过程如表 2.7 所列。

表 2.7　压窝的典型工艺过程

| 步 骤 | 钻制初孔 | 去除毛刺 | 插入凸模导销 | 压紧工件 | 压 窝 | 扩 孔 |
|---|---|---|---|---|---|---|
| 图 示 | | | | | | |
| 作 用 | 为凸模导销提供导向 | 预防应力集中导致的裂纹等缺陷 | 初步定位 | 防止压窝时工件窜动 | 压制成型 | 扩孔至最终钉孔直径 |
| 注意事项 | 初孔直径应与凸模导销直径一致 | 去毛刺时倒角深度不宜过大 | 确保凸模与凹模的同轴度达到技术要求 | 压紧力应适中 | 一次成型,不可翻面重压 | 孔径应符合图样要求 |

**2. 压窝的技术要求**

➤ 压窝器凹模工作部分的尺寸要考虑压窝零件厚度,压窝零件厚度不大于 0.8 mm 时,均使用零件厚度为 0.8 mm 的阴模,压窝夹层为 0.8～1.4 mm 时,均使用夹层厚度为 1.4 mm 的凹模。

➤ 压窝试片的材料厚度、热处理状态、初孔直径要与所压零件一致,在试片上压窝至少要压 5 个,经检验合格后,方能在产品零件上压窝。

➤ 压窝试片的最小宽度见表2.8。

表 2.8　压窝试片的最小宽度

| 铆钉直径 | 压窝试片最小宽度 |
|---|---|
| ≤6 mm | 25 mm |
| >6 mm | 40 mm |

➤ 窝孔成形后,试片弯曲试验时,其断口破坏的类型见表2.9。

表 2.9　试片断口类型

| 类 型 | 简 图 | 说 明 |
|---|---|---|
| 合 格 | | 沿窝中心整齐断裂,无其他裂纹 |
| | | 由于压窝顶杆挤压引起的周边环形断裂 |
| | | 在窝内产生裂断 |
| 拒 收 | <br>周向裂纹　径向裂纹 | 不规则的周向和径向裂纹 |
| | | 窝缘断裂 |

➤ 蒙皮压窝、骨架锪窝时,骨架上窝的深度应比蒙皮上的深,骨架上的 90°窝应加深 0.4δ, 120°窝应加深 0.15δ,其 δ 为压窝层的总厚度。

➤ 压窝附近的零件表面不允许有局部高低不平,从零件表面到钉窝表面的过渡应光滑,窝的轮廓线应清晰。

**3. 压窝操作技术要点**

➤ 根据工件结构,材料厚度、铆钉直径、钉头锥角,选择压窝设备、工具、压窝模。

➤ 压窝前将初孔去毛刺,防止窝孔边缘出现裂纹。

➤ 使用压铆机压窝,要正确调整压窝模行程,先将下模座螺杆调至最低点,用脚踩下操纵脚踏板不松开,使压铆机柱塞行程到最低点,再把下模座螺杆向上调至上下模距离合格,并用螺杆上螺帽固紧,即可进行压窝。

➤ 压窝时阴阳模要对准,不允许空压。

➤ 压窝时,压窝部位应与上下压模轴线保持垂直,工件不能摇摆不平。

➤ 对产品零件进行压窝时,应每隔一段时间检查一次窝的周向裂纹、径向裂纹、同轴度等。

# 2.3　质量控制

## 2.3.1　钻孔的质量要求

对于钻制出的铆钉空,通常有以下质量要求:

(1)铆钉孔轴线应垂直于零件表面,允许由于孔的偏斜而引起铆钉头与零件贴合面的单向间隙不大于 0.05 mm 的偏差,但在铆钉排内不得多于 10%。

(2)当产品图样上未给出铆钉边距时,铆钉孔的边距为铆钉直径的 2 倍(见图 2.15)。

(3)铆钉孔边缘不应进入板弯件和型材件圆角内,要保证铆钉头不能搭在圆角上(见图 2.16)。

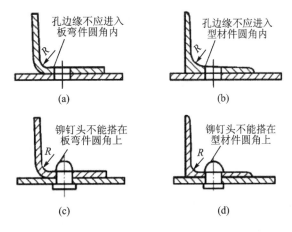

图 2.16　铆钉孔和铆钉头的位置

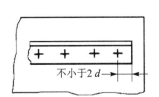

图 2.15　铆钉边距最小允许值

(4)铆钉孔边距、间距、排距偏差见表 2.10。

表 2.10 铆钉孔位置尺寸的极限偏差

| 边距极限偏差 | 间距极限偏差 | | 排距极限偏差 |
|---|---|---|---|
| | 间距≤30 | 间距>30 | |
| +2.0<br>−1.0 | ±1.5 | 2.0 | ±1.0 |

(5) 碳纤维复合材料上制孔的质量要求:

➤ 划伤——在孔或沉头窝的 25% 范围内,划伤深度≤0.25 mm;

➤ 分层——沿孔轴向突出≤0.25 mm,沿孔径向≤1.78 mm;

➤ 尺寸——不允许接连三个以上相邻孔径超差,允许在 100 个孔中有不超过 5% 的孔超差(对 4.76 mm 的孔,允许超差到 Φ4.80～Φ4.93 mm)。

## 2.3.2 钻孔故障分析及排除方法

钻孔故障分析及排除方法见表 2.11。

表 2.11 常见故障产生原因及排除方法

| 序 号 | 故障内容 | 故障产生原因 | 改进措施 |
|---|---|---|---|
| 1 | 孔歪斜 | 钻头不垂直钻孔部位 | 检查好垂直度后再钻孔 |
| | | 工件放置偏斜 | |
| 2 | 孔径大于规定尺寸 | 钻头直径选错,钻头弯曲 | 正确选择钻头直径 |
| | | 拈头主切削刃不等长 | 钻头刃磨后仔细检查 |
| | | 钻夹头偏摆量超差 | 钻孔前空转检查合格后再用 |
| 3 | 孔径小于规定尺寸 | 钻头直径磨损 | 更换合格钻头 |
| | | 钻头顶角过小 | 正确刃磨钻头顶角 |
| 4 | 孔形不圆呈多棱形或孔成8字形 | 钻头两主切削刃不等长.角度不对称 | 钻头刃磨好后要认真检查 |
| | | 钻头主切削刃不光滑 | 重磨钻头切削刃 |
| | | 钻头摆动 | 钻头装夹后检查偏摆,合格再用 |
| | | 估初孔和最后扩孔不在同一轴线上 | 使用导套或钻模钻孔 |
| 5 | 孔径外面大里面小 | 钻头不锋利 | 钻头刃磨锋利 |
| | | 钻较厚工件排泄不畅 | 钻厚工件勤退钻头排屑 |
| | | 长时间钻孔手臂疲劳,握钻不稳致使风钻摇摆 | 适当休息,用导套或钻模钻孔 |
| 6 | 孔边周围有毛刺 | 钻头主刀刃不锋利,螺旋槽产生积屑瘤 | 磨锋主刀刃,清除积屑瘤 |
| | | 孔将要钻透时用力过大 | 孔将要钻透时减小进给力 |
| 7 | 孔位钻偏或跑钻 | 钻头槽刃太长.定心不准.不牢 | 先打冲点后钻孔或先用手转动钻夹头,钻头定准位后再钻孔,启钻时慢速旋转 |
| | | 风钻启动时钻速太快 | |

| 序　号 | 故障内容 | 故障产生原因 | 改进措施 |
|---|---|---|---|
| 8 | 孔钻穿后钻夹头戳伤蒙皮 | 孔钻穿时用力过猛 | 孔将要钻穿时控制住进给力 |
| | | 钻头尾柄处未安放防护物 | 在钻头尾柄处套上胶垫 |
| 9 | 估头突然折断 | 钻头主刀刃磨钝,钻孔时强力推进 | 磨锋主刀刃适当用力推钻 |
| | | 孔钻穿时用力过大促使钻夹头摇晃 | 孔将要钻穿时,减小进给力 |
| | | 钻孔时钻头被卡住,强行用力拽风钻 | 钻头卡住时用手轻力反向旋转钻夹头 |
| | | 钻头钻穿时与后面工件相撞 | 钻孔前先检查后面有无障碍物 |
| | | 分解铆钉时任意摇晃风钻 | 分解铆钉时不要摇晃风沾 |
| 10 | 钻头不切屑(钢件易产生) | 钻头顶角过小,风钻转速又快 | 选磨合适顶角,转速要适当 |
| | | 钻头后刀面高低不一致,导致钻头退火零件硬化 | 正确刃磨钻头,注意冷却,选用硬质合金钻头 |
| 11 | 工件掉渣(镁合金件易产生) | 钻头切削刃不光滑 | 应仔细检查刃磨后的钻头 |
| | | 工件内部有硬点杂质,钻削时掉渣 | 遇硬点时立即退钻检查,改变转速 |
| | | 钻头顶角过大,风钻转速过快 | 选磨合适顶角,转速适当 |
| 12 | 复合材料脱层 | 钻头出口处分层 | 垫支撑物,切削刃进行刃磨 |

## 2.3.3　窝的质量要求

➤ 窝的表面应光滑洁净,不允许有棱角和划伤,复合材料窝不应有分层和撕裂。

➤ 窝的锥角应与铆钉头锥角一致。

➤ 窝的椭圆度允许 0.2 mm,个别可至 0.3 mm,但数量不能超过一排铆钉窝总数的 15 %。

➤ 窝的深度应比铆钉头最小高度小 0.02～0.05 mm。

➤ 双面沉头铆接时,锪窝的镦头窝为 90°,其直径如表 2.12 所列,压窝的镦头窝为 120°。

### 表 2.12　90°沉镦头窝的最小直径

mm

| 铆钉直径 | 2.5 | 2.6 | 3.0 | 3.5 | 4 | 5 | 6 | 7 | 8 |
|---|---|---|---|---|---|---|---|---|---|
| 销头窝最小直径 | 3.5 | 3.65 | 4.2 | 4.95 | 5.6 | 7 | 8.2 | 9.5 | 10.8 |

➤ 铆钉窝周围不允许有锪窝限制器造成的工件表面痕迹,凹陷、轻微机械损伤等的深度应不大于材料包覆层的厚度,数量不能超过一排铆钉内窝数的3%。

➤ 压窝扩孔后,窝不能有毛刺、裂纹和破边。

➤ 压窝件与锪窝件装配时,两者之间不允许有间隙。

## 2.3.4　窝孔故障缺陷分析及排除方法

窝孔故障缺陷分析及排除方法如表 2.13 所列。

表 2.13 窝孔故障缺陷分析及改进措施

| 序 | 故障内容 | 故障缺陷产生原因 | 改进措施 |
|---|---|---|---|
| 1 | 窝孔浅 | 锪窝钻调整不合格或推钻压力小 | 重新调整锪窝钻,锪窝时压力到极限位置 |
| | | 锪窝钻头切削刃槽被堵塞 | 经常检查,注意清除积屑瘤 |
| 2 | 窝孔锪大深 | 锪窝钻用错或调整不合格 | 更换锪窝钻。调整后一定要进行试锪窝 |
| | | 因定锪窝钻头及其导销的螺钉松动 | 调整好的锪钻螺钉一定要固紧,锪窝一定数量后,要认真检查固紧情况 |
| | | 固定限动螺母的螺钉松动,引起移位 | |
| 3 | 窝孔椭圆 | 孔直径大,锪窝钻导销在孔中窜动 | 锪窝前检查锪窝钻导销与孔是否一致,更换过短导销;锪窝时导销不能在孔中窜动 |
| | | 锪窝钻头导销过短 | |
| 4 | 窝孔锥角不对 | 锪窝钻头用错 | 锪窝前要认真检查锪窝钻锥角 |
| 5 | 窝孔谁角尺寸不匀,一边大一边小 | 锪窝钻壳体端面未全部贴合凹窝面 | 锪窝钻壳体端面要贴合锪窝;面、孔一定要垂直工件钻孔面 |
| | | 孔歪斜 | |
| 6 | 窝孔不光,呈多棱形 | 锪窝钻未压紧,进给力不匀 | 压紧锪窝钻,保持匀速进给风钻速度要适当更换风沾 |
| | | 风钻转速太慢 | |
| | | 风钻摆头 | |
| 7 | 窝孔边缘产生毛刺,划痕或锪窝时不产生切屑 | 锪钻切削刃钝或损坏 | 更换锪窝钻头;锪窝时经常检查排屑槽,及时清除积屑瘤 |
| | | 忽钻排屑槽被切屑粘住堵塞 | |
| 8 | 锪窝钻导销折断或脱落 | 孔直径小,孔歪斜阑窝钻导销强行插入孔中强行速窝;切屑研入孔与导销之间,强行拽钢窝钻 | 保证孔的垂直度及孔径正确;采用长度适合的导销;注意锪窝时勤排切屑 |
| 9 | 压窝蒙皮边缘有压痕 | 压窝部位与压窝器不垂直 | 保持压窝部位与压窝器相垂直,玉模间隙要均匀 |
| | | 压模间隙不均 | |
| 10 | 压窝后孔边撕裂或产生径向穿晶裂纹 | 初孔直径小,钻孔后未去毛刺 | 要正确钻好初孔符合压窝要求;钻孔后一定要去毛刺 |
| 11 | 产生窝缘开裂的环形穿晶裂纹 | 模具温度和保持时间不当;压窝调整间隙不合理 | 按正确的温度规范调整间隙;使用正确的压窝模具 |
| 12 | 窝孔周围蒙皮有磨伤圆圈 | 电窝时限制器转动 | 用手扶住限制器防止旋转 |

# 课后练习题

**一、选择题**

1. 以下( )材料不适合冲孔。

    A. 不锈钢          B. 45#钢          C. LC4(超硬铝合金)          D. 镀锌板

2. 楔形件上钻孔,钻头轴线应做到( )。

　　A. 垂直于楔形件表面　　　　　　　　B. 垂直于楔形件角平分线

　　C. 平行于楔形件表面　　　　　　　　D. 平行于楔形件角平分线

3. 对于钻孔后去除毛刺,说法错误的是(　　)。

　　A. 可用比铆钉孔大 2～3 级的钻头　　B. 可用毛刺锪钻去毛刺

　　C. 风钻转速要快,压力要大　　　　　D. 可在孔边形成 0.2 mm 深的倒角

**二、判断题**

1. 弯头风钻主要用于狭窄部位及上下或左右有障碍的非敞开部位的钻孔。　　　　　(　　)

2. 压窝法分为冷压窝和热压窝,冷压窝是在室温下进行,热压窝是将材料加热到一定温度后进行压窝。　　　　　(　　)

3. 压窝后还要对初孔做扩孔处理,因此压窝前可以不用去除毛刺。　　　　　(　　)

**三、简答题**

1. 不同材料钻孔方法有什么不同?

2. 各种工件的钻孔方法是什么?

3. 钻孔操作要点及技巧有哪些?

4. 钻孔的质量要求有哪些?

5. 钻普通铆钉孔钻头直径大小如何选择?

6. 德窝的技术要求是什么?

7. 制窝方法该如何选择?

8. 窝的质量要求是什么?

9. 双面沉头铆接的镦头窝如何选择?

10. 简述用风钻钻孔垂直度的自检操作。

# 第3章　冲击铆接

在飞机装配连接过程中,冲击铆接是一种重要技术方法。冲击铆接是铆装钳工的必备技能。冲击铆接是铆枪冲击力作用在铆钉头上或铆钉杆上,在顶把反作用力的作用下形成镦头的铆接方法,冲击铆接可分为正铆法和反铆法。

## 3.1　冲击铆接的典型工艺流程

### 3.1.1　凸头铆钉铆接

第一类,板材和板材连接用凸头铆钉铆接的工艺过程如图 3.1 所示。

① 先对结构件进行定位与固定;

② 在对应的铆接位置钻孔,钻孔时,不但要保证孔的位置精度,还要保证孔与工件表面的垂直度,这两个方面都会直接影响铆接质量;

③ 去毛刺,用毛刺锪钻,或用大 2 到 3 号的麻花钻去除毛刺,随后放入铆钉;

④ 用铆枪配合顶铁,完成铆接。整个铆接过程就完成了。

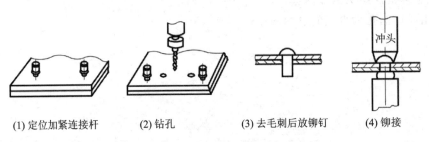

(1) 定位加紧连接杆　　(2) 钻孔　　(3) 去毛刺后放铆钉　　(4) 铆接

**图 3.1　板材与板材的铆接工艺过程**

第二类,铆接板材与型材,其工艺流程与第一种类型略有不同(见图 3.2 所示),具体操作如下:

① 同样是对结构件,进行定位与固定,但由于型材结构的特殊性,在定位时需要用到定位器,固定用的工具也区别于板材固定用的弹簧定位销,而是用特制的螺纹压紧件或羊角卡子;

② 在对应的铆接位置钻孔,这里需要注意的是孔位一定要避开型材的圆角,以防止铆接时铆钉边缘进入型材件圆角内,导致铆钉头搭在圆角上形成间隙;

③ 去除在型材和板材的孔边毛刺,去除毛刺后,还要重新将型材和板材进行定位和夹紧;

④ 放入铆钉;

⑤ 用铆枪配合顶铁,完成铆接。

铆接的形式包括搭接铆缝和纵条结合铆缝,绝大部分使用凸头铆钉进行铆接如图 3.3 所示。凸头铆钉铆接一般适用于飞机结构内部连接件铆接及低速飞机的外表面铆接等。

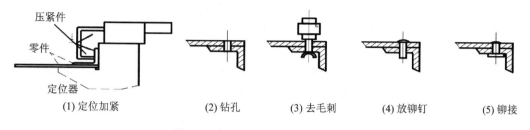

(1) 定位加紧    (2) 钻孔    (3) 去毛刺    (4) 放铆钉    (5) 铆接

**图 3.2    板材与型材的铆接工艺过程**

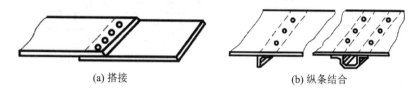

(a) 搭接    (b) 纵条结合

**图 3.3    凸头铆钉铆接形式**

## 3.1.2    沉头铆钉铆接

沉头铆钉铆接的形式一般分为两种,一种是单面沉头铆钉铆接(即沉头铆接);另一种是双面沉头铆钉铆接。

**1. 单面沉头铆钉铆接**

单面沉头铆钉铆接的工艺过程比凸头铆接多一道制窝工序,根据制窝方法的不同,可分为四种沉头铆接形式,见下图 3.4 至图 3.7 所示,有 A、B、C、D 四种形式。

(1) A 种形式沉头铆接工艺过程见图 3.4 所示,铆接件上的沉头铆钉窝用压窝模压制而成。当外蒙皮厚度和骨架厚度分别小于或等于 0.8 mm 或铆件总厚度不超过 1.6 mm 时,一般采用此种形式。A 种形式沉头铆接工艺过程如下:

➢ 钻孔,先钻制一个比铆钉孔小一号的孔。

➢ 去除孔周的毛刺。

➢ 根据板料厚度和材料,可以选择两块板一起压窝,或者分别压窝。将阳模导销插入初孔,开始压窝。

➢ 压窝完成后,如果是分别压窝,则需将板件重新装配并做定位,然后扩孔至最终尺寸,放入铆钉进行铆接。

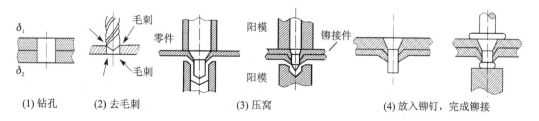

(1) 钻孔    (2) 去毛刺    (3) 压窝    (4) 放入铆钉,完成铆接

**图 3.4    A 种铆接工艺过程**

(2) B 种形式的沉头铆接工艺过程如图 3.5 所示,铆接件上的沉头铆钉窝均用沉头铆钉头锥度压制成形,一般蒙皮和骨架厚度均不得超过 0.8 mm,其铆件总厚度小于或等于

1.2 mm 时,采用这种形式。B 种沉头铆接的具体工艺流程如下:

> 直接钻出符合铆钉直径的铆钉孔并去毛刺。
> 放入铆钉。
> 用冲头配合阴模在工件上冲出铆钉窝,待铆钉窝成形以后,即铆钉头与工件表面平齐。
> 阴模换成普通的顶铁进行铆接。

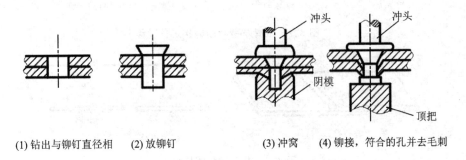

(1) 钻出与铆钉直径相    (2) 放铆钉        (3) 冲窝    (4) 铆接,符合的孔并去毛刺

**图 3.5  B 种铆接工艺过程**

(3) C 种形式的沉头铆接工艺过程见图 3.6 所示,外表面为蒙皮压窝,内部骨架采用锪窝。当蒙皮厚度小于 0.8 mm,骨架厚度大于沉头铆钉头高度时,一般采用此种形式。C 种沉头铆接的工艺流程如下:

> 将蒙皮和骨架定位固定好以后,钻出比铆钉孔小一号的初孔;
> 去毛刺;
> 用压窝模对蒙皮进行压窝,骨架则用锪窝钻进行锪窝;
> 将蒙皮装到骨架上,完成定位和固定后,一起扩孔至最终尺寸;
> 放入铆钉进行铆接。

需要注意,骨架锪窝时窝的深度应比铆钉窝略深,一般在骨架上锪 90° 窝时,骨架锪窝的深度应比铆钉头深 $0.4\delta$,当在骨架上锪 120° 窝时,骨架锪窝的深度应比铆钉头深 $0.15\delta$,其中 $\delta$ 为压窝层的总厚度。这样锪窝的目的是保证蒙皮压窝后装配时与骨架窝孔能贴合,否则将会产生配合间隙,影响铆接的质量。

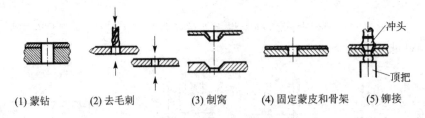

(1) 蒙钻      (2) 去毛刺      (3) 制窝      (4) 固定蒙皮和骨架      (5) 铆接

**图 3.6  C 种铆接工艺过程**

(4) D 种形式的沉头铆接工艺过程见图 3.7 所示,铆接件上的沉头铆钉窝均采用锪窝法。当蒙皮厚度大于 0.8 mm,骨架厚度无限制时都采用这种形式。这种形式的沉头铆接应用非常广泛,高速飞机的外表面铆接绝大多数都采用这种铆接形式。D 种形式的沉头铆接的具体工艺流程如下:

> 先对蒙皮和骨架进行定位固定,然后钻出符合铆钉直径的孔并去毛刺;

> 蒙皮进行锪窝；
> 放置铆钉；
> 铆接。

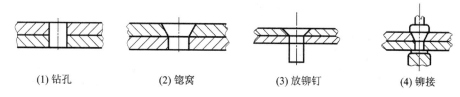

| (1) 钻孔 | (2) 锪窝 | (3) 放铆钉 | (4) 铆接 |

**图 3.7　D 铆接工艺过程**

以上四种沉头铆接形式，广泛应用于冲击压铆，在压铆机上同样可行，而且铆接质量可靠。

**2. 双面沉头铆接**

飞机上的某些结构，有的铆缝两面都要求是平滑的表面，这种情况下，一般采用双面沉头铆接。双面沉头铆接的形式有以下三种。

（1）在上部蒙皮与底层蒙皮（或骨架）分别锪制沉头铆钉头窝和沉头铆钉镦头窝（见图 3.8(a)），此种形式适用于蒙皮厚度大于 0.8 mm 的结构件连接。其铆接工艺过程和 D 种沉头铆接工艺过程相似。

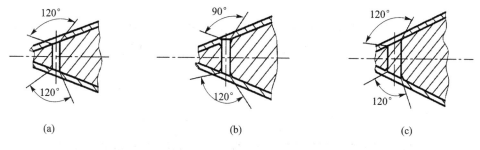

| (a) | (b) | (c) |

**图 3.8　双流沉头铆接形式**

（2）在较厚的骨架上锪制沉头钉窝，在上蒙皮和下蒙皮上分别采用冲击铆钉头和钉杆镦粗成形直接压制成沉头钉窝和沉头镦头窝（见图 3.8(b)），这种形式一般适合于 0.8 mm 以下较薄蒙皮结构的连接件铆接。

（3）上下蒙皮冲窝形式，在骨架上锪制比铆钉头深 $0.15\delta$ 的窝（见图 3.8(c)），其铆接工艺过程和图 3.6 所示的 C 种铆接工艺过程相同。

# 3.2　冲击铆接的技术要点

冲击铆接安全操作要领是铆装钳工必须掌握的，同时也是衡量一位铆装钳工技术水平高低的主要标准，冲击铆接一般由两个人相互配合完成，在铆件结构允许的情况下，也可单独一人进行铆接，如图 3.9 所示。

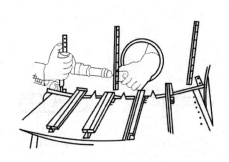
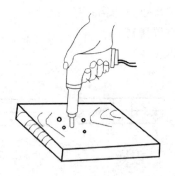

图 3.9  单个铆工在铆接图        图 3.10  空击铆枪实验

（1）根据铆钉的直径、材料、型号及铆接方法和结构件的特点，合理选择铆枪的型号，冲头的规格、外形以及顶把的形状，可减小铆接件变形，形成合格的镦头，同时还要检查冲头和顶把的工作面是否符合粗糙度要求。铆接前安装好冲头，在木板上进行试枪，检查铆枪冲击是否正常，见图 3.10 所示。

（2）开始铆接时，主枪手要先轻按铆枪扳机点铆一次，根据声响确认对方是否顶好后，方可连续铆接。铆接时，主枪手要掌握铆钉捶击成形时间的长短，使铆钉镦头成形在大约相同的合格高度。

（3）在铆接过程中，冲头中心线和顶把工作面应始终保持与铆钉中心线相一致（楔形件铆接除外）。冲头不能在铆钉头上跳动，也不能上下左右滑动，否则会影响铆接质量如图 3.11 所示。

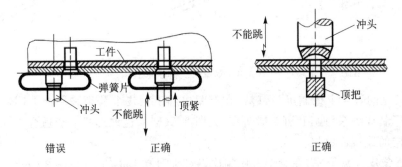

图 3.11  冲头，顶把在铆接过程中的位置

（4）铆接时，右手握住铆枪手柄，使用 6 KM 以上铆枪时一般采用双手握枪，见图 3.12，图 3.13 所示。给冲头一定的压紧力使之平衡，防止冲头跳动，保持铆枪工作平稳，中指扳住进气按钮，无名指放在按钮下面，两个手指相互配合操作，根据所需冲力控制进气量。这种方法比利用调气阀门调节进气量更方便、灵活，施铆时，用左手向铆钉孔内插入铆钉，两手相互配合，快速完成铆接。

（5）顶铆钉，开始手握顶把的顶紧力不要过于用力，待铆钉钉杆略微镦粗后，再向顶把施加顶紧力，使铆钉镦头成形，防止铆缝下凹；同时还需注意顶把不要顶伤或碰伤结构件。

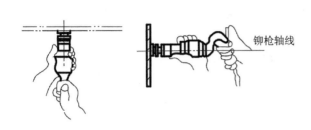

图 3.12　握铆枪的方法　　　　　　图 3.13　各种不同的铆接姿态

（6）当结构件的薄蒙皮不开敞，又不能看到顶把是否顶住铆钉杆时，一定要从铆钉孔内看到顶把的工作面，顶钉人和主枪手都确定已顶好后，方可插入铆钉铆接，并且要一次成形，然后才能移动顶把。不开敞的薄蒙皮铆接时间要采用短冲时间，多次冲击成形镦头，防止冲击铆接振动过大产生顶把位移，在钉杆周围发生打凹、打裂现象。

（7）消除连接件之间的间隙，要先轻轻点铆，待铆钉杆微镦粗后，再用顶把顶在钉杆周围见图 3.14 所示，或把钉杆套在空心冲内，使空心冲紧贴钉杆根部零件表面，用顶把顶住空心冲，轻轻点铆；还可以用冲头或顶把顶住铆钉头，把钉杆套在空心冲内，敲打空心冲，消除间隙，保证平整的铆缝外形。

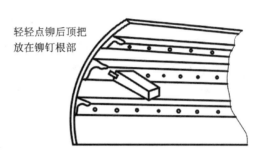

轻轻点铆后顶把放在铆钉根部

图 3.14　消除连接件间隙的方法

（8）采用反铆法铆接厚度较大的连接件时，对于结构空间小，只能放置质量小于 $0.5d$ 的顶把时，铆钉镦头很难成形，需要的冲击时间长，铆接变形大，为了加快镦头成形速度，可在铆钉杆稍镦粗后轻轻晃动顶把，待镦头最后成形前的瞬间，顶把工作面必须垂直于钉杆抽心线，形成合格镦头，见图 3.15 所示。

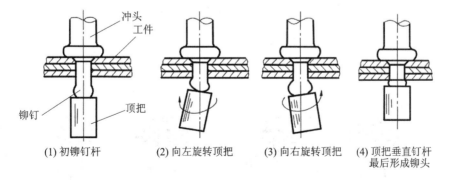

(1) 初铆钉杆　　　(2) 向左旋转顶把　　　(3) 向右旋转顶把　　　(4) 顶把垂直钉杆最后形成铆头

图 3.15　铆头形成困难时顶把的工作情形

（9）采用反铆法铆接较薄的连接件时，尽量使用大面凸头钉冲头。反铆时，应尽量使用带防护胶皮的冲头或采取在冲头和铆钉头之间垫玻璃纸的方法，以获取较好的表面质量。

（10）曲面连接件的沉头铆钉铆接应注意使沉头铆钉锥度紧密地贴合于窝孔锥角。铆接开始时，冲头应沿沉头铆钉头周围轻轻晃动或点铆，使沉头铆钉头贴紧钉窝后再加大铆枪功率进行铆接，如图 3.16 所示。

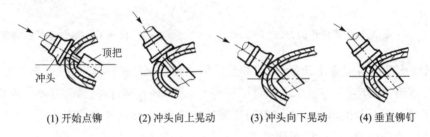

(1) 开始点铆    (2) 冲头向上晃动    (3) 冲头向下晃动    (4) 垂直铆钉

图 3.16　曲面连接件的铆接

（11）对于楔形连接件的沉头铆钉铆接时，冲头要垂直于工件的表面，顶把工作表面要向楔形的张开方向倾斜 $2°\sim 3°$ 作用于铆钉杆上，待镦头略成形后，再使顶把垂直于铆钉杆端面，如图 3.17 所示。

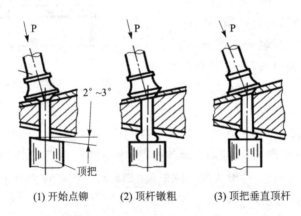

(1) 开始点铆    (2) 顶杆镦粗    (3) 顶把垂直顶杆

图 3.17　楔形连接件的铆接

（12）铆钉杆初镦，当发现若钉杆轻微顶歪，可将顶把工作面沿歪的方向逆顶，校正钉杆后，使顶把工作面仍垂直钉杆铆接，直至镦头成形，如图 3.18 所示。

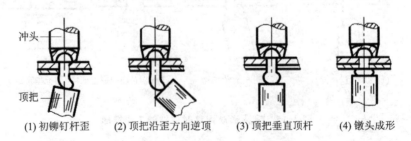

(1) 初铆钉杆歪    (2) 顶把沿歪方向逆顶    (3) 顶把垂直顶杆    (4) 镦头成形

图 3.18　校正铆钉杆铆歪的方法

(13) 当铆接两种不同材料或不同厚度的连接件时,为防止铆接变形,应尽量将镦头成形在较硬材料那一面或材料较厚的那一面,如图 3.19 所示。

(14) 在铝合金材料上铆接钢铆钉时,为避免工件变形,图样上规定在钢铆钉头下面(指凸头铆钉)和钉杆尾部那一面放置相应直径金属垫圈进行铆接。为防止尾部垫圈铆接时受振动而产生窜动,可使用叉片压住垫圈后进行铆接,如图 3.20 所示。

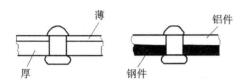

图 3.19  不同材料或不同厚度连接件
铆接时镦粗头形成位置

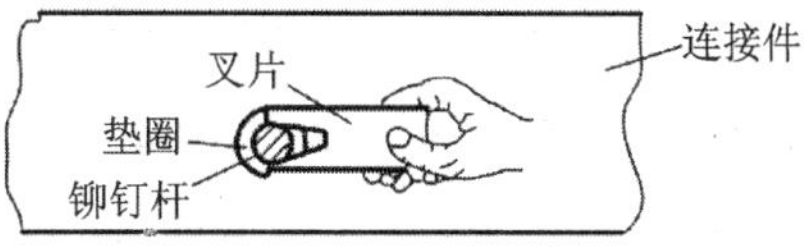

图 3.20  叉片按住钉杆根部垫圈

(15) 当结构件的通路较差时,用手指无法直接向铆钉孔放铆钉,可以使用放钉器安放铆钉,如图 3.21 所示。

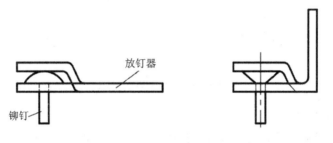

图 3.21  铆钉放钉器

(16) 铆接时应尽量采用正铆法。

(17) 铆接时主枪手和顶钉手要协商好各种铆接过程中的配合信号,如开始捶击、镦头扁、更换铆钉等都要用信号告知对方,使对方掌握铆接情况,及时排除故障,再继续铆接。

(18) 采用中心法铆接或边缘法铆接可防止蒙皮铆接后产生鼓动或波纹,如图 3.22 和图 3.23 所示。

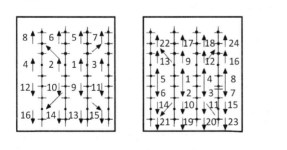

图 3.22  中心法铆接顺序示意图

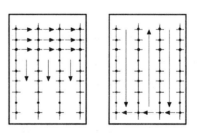

图 3.23  边缘法接顺序示意图

(19) 为使铝铆钉镦头成形快,减小铆接变形,可采用热处理及热处理后冷藏的方法。工艺方法较为简单,可将铝铆钉放入恒温的盐炉中进行加热,在规定的时间内取出并立即放入清水中清洗,清洗后进行铆接,经过热处理的铆钉要在材料硬化之前铆完,如果铆钉有剩余,可在清洗后将铆钉放入冰箱内冷藏保管。

（20）铆钉长度的选择：

➤ 按经验公式计算铆钉长度,铆钉长度尺寸如图 3.24 所示。

当铆钉直径在 2.5～3 mm 之间时,$L = \sum \delta + 1.4\, d$；

当铆钉直径在 3.5～4 mm 之间时,$L = \sum \delta + 1.3\, d$；

当铆钉直径在 5～6 mm 之间时,$L = \sum \delta + 1.2\, d$；

当铆钉直径在 7～8 mm 之间时,$L = \sum \delta + 1.1\, d$。

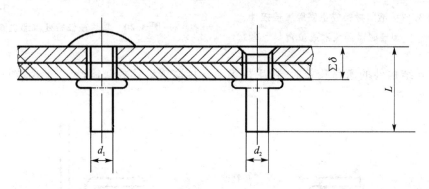

图 3.24  铆钉长度示意图

➤ 按图 3.25 选择铆钉长度。

➤ 压窝件标准镦头的铆钉长度计算的经验公式 $L = \sum \delta + \delta_1 + 13\, d$ ,尺寸参数如图 3.26 所示。

➤ 双面沉头铆钉长度的经验公式 $L = \sum d + (0.6 \sim 0.8)d$ ,尺寸参数如图 3-27 所示。系数 0.6～0.8,一般情况下选较小值,当铆钉材料比被连接件材料的强度高或被连接件厚而铆钉直径较小时,要选择较大的值。

# 3.3  安全操作要领

➤ 铆接前要检查冲头和顶把,冲头和顶把不能有裂纹和毛刺。

➤ 冲头安装在铆枪上应将保险拴住,见图 3.28 所示。冲头安装好后,铆枪不能对着人,以免误撞击扳机发生意外,铆接工作完成后应立即取下冲头。

➤ 铆接时主枪手和顶钉手均应戴好护耳器或耳塞,减小噪音对耳朵的影响。

➤ 高空作业时,必须把工具放置在牢靠稳妥的位置处,防止工具坠落。

➤ 使用手锤敲击冲头时,要防止打伤手指;冲头毛边要及时在砂轮上磨掉,以免敲打时毛边崩出伤人,如图 3.29 所示。

| Σδ | 2 | 2.5 | 3 | 3.5 | 4 | 5 | 6 | 7 | 8 | 10 |
|---|---|---|---|---|---|---|---|---|---|---|
| 1 | 4 | 4 | 5 | 6 | 6 |  |  |  |  |  |
| 2 | 5 | 5 | 6 | 7 | 7 | 8 |  |  |  |  |
| 3 | 6 | 6 | 7 | 8 | 8 | 9 | 10 |  |  |  |
| 4 | 7 | 7 | 8 | 9 | 9 | 10 | 11 | 12 |  |  |
| 5 | 8 | 8 | 9 | 10 | 10 | 11 | 12 | 13 | 14 |  |
| 6 | 9 | 9 | 10 | 11 | 11 | 12 | 13 | 14 | 15 |  |
| 7 | 10 | 10 | 11 | 12 | 12 | 13 | 14 | 15 | 16 | 18 |
| 8 | 11 | 11 | 12 | 13 | 13 | 14 | 15 | 16 | 17 | 19 |
| 9 | 12 | 12 | 13 | 14 | 14 | 15 | 16 | 17 | 18 | 20 |
| 10 | 13 | 13 | 14 | 15 | 15 | 16 | 17 | 18 | 19 | 22 |
| 11 | 14 | 14 | 15 | 16 | 16 | 17 | 18 | 19 | 20 |  |
| 12 | 15 | 15 | 16 | 17 | 17 | 18 | 19 | 20 | 22 | 24 |
| 13 | 16 | 16 | 17 | 18 | 18 | 19 | 20 | 22 |  |  |
| 14 |  | 17 | 18 | 19 | 19 | 20 | 22 |  | 24 | 26 |
| 15 |  | 18 | 19 | 20 | 20 | 22 |  | 24 |  |  |
| 16 |  | 19 | 20 | 22 | 22 |  | 24 |  | 26 | 28 |
| 17 |  | 20 | 22 |  |  | 24 |  | 26 |  |  |
| 18 |  | 22 |  | 24 | 24 |  | 26 |  | 28 | 30 |
| 19 |  |  | 24 |  |  | 26 |  | 28 |  |  |
| 20 |  | 24 |  | 26 | 26 |  | 28 |  | 30 | 32 |
| 21 |  |  | 26 |  |  | 28 |  | 30 |  |  |
| 22 |  |  |  | 28 | 28 |  | 30 |  | 32 | 34 |
| 23 |  |  | 28 |  |  | 30 |  | 32 |  |  |
| 24 |  |  |  | 30 | 30 |  | 32 |  | 34 | 36 |
| 25 |  |  |  |  |  | 32 |  | 34 |  |  |
| 26 |  |  |  | 32 | 32 |  | 34 |  | 36 | 38 |
| 27 |  |  |  |  |  | 34 |  | 36 |  |  |
| 28 |  |  |  |  |  |  | 36 |  | 38 | 40 |
| 29 |  |  |  |  |  | 36 |  | 38 |  |  |
| 30 |  |  |  |  |  |  | 38 |  | 40 | 42 |
| 31 |  |  |  |  |  | 38 |  | 40 |  |  |
| 32 |  |  |  |  |  |  | 40 |  | 42 | 44 |
| 33 |  |  |  |  |  | 40 |  | 42 |  |  |
| 34 |  |  |  |  |  |  |  |  | 44 | 46 |
| 35 |  |  |  |  |  |  |  | 44 |  |  |
| 36 |  |  |  |  |  |  |  |  | 46 | 48 |
| 37 |  |  |  |  |  |  |  | 46 |  |  |
| 38 |  |  |  |  |  |  |  |  | 48 | 50 |
| 39 |  |  |  |  |  |  |  |  |  |  |
| 40 |  |  |  |  |  |  |  |  | 50 | 52 |
| 41 |  |  |  |  |  |  |  |  |  |  |
| 42 |  |  |  |  |  |  |  |  |  | 54 |
| 43 |  |  |  |  |  |  |  |  |  |  |
| 44 |  |  |  |  |  |  |  |  |  | 56 |
| 45 |  |  |  |  |  |  |  |  |  |  |
| 46 |  |  |  |  |  |  |  |  |  | 60 |
| 47 |  |  |  |  |  |  |  |  |  |  |
| 48 |  |  |  |  |  |  |  |  |  |  |

图 3.25　铆钉长度的选择

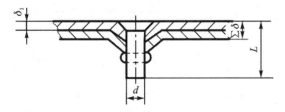

图 3.26　压窝件标准镦头的铆钉长度示意图

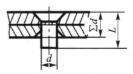

有补加工的铆钉

图 3.27　双面沉头铆接的铆钉长度

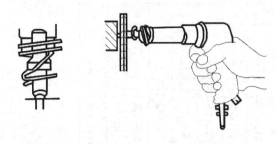

图 3.28　冲头拴住保险

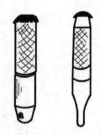

图 3.29　捶打产生的毛边

# 3.4　质量分析与改进方法

铆接的质量决定着整个产品质量的好坏,铆接装配工作约占全机工作量的 30% 以上,铆接的质量非常重要。

**1. 铆接过程的基本要求**

➤ 严格按照图样进行生产,必须按工艺文件执行,贯彻工艺指导性文件。按装配指令和铆接操作要领进行铆接。

➤ 铆接前,要确保零部件安装正确,要保证铆钉孔和沉头窝的质量,铆接过程中要做到精益求精,若发现问题须及时处理。

➤ 优先考虑使用正铆法铆接,注意使用正确的铆接方法。

➤ 尽可能采用压铆代替锤铆。

➤ 采用先进的工具,正确使用保养工具。

**2. 铆接质量要求**

(1) 铆接后,铆钉头表面不能出现压坑、裂纹等缺陷,钉头与铆接件的表面必须贴合,允许在不超过 1/2 圆周范围内的间隙 $\leq 0.05$ mm,但在铆缝中这种铆钉不能超出 10%,且不能连续出现,如图 3.30 所示。

(2) 所有外形的沉头铆钉均不能下沉,沉头铆钉头凸出蒙皮的高度值应尽量在 0.02~0.05 mm 范围内,如图 3.31 所示,或满足技术条件规定的允差。

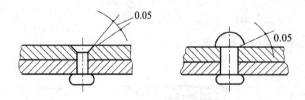

图 3.30　铆钉产生的单面间隙

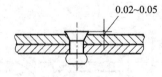

图 3.31　沉头铆钉凸出值

(3) 铆钉周围的蒙皮和两铆钉间的蒙皮,允许有下凹量 $\Delta$(见图 3.32 所示)。

➤ 对于一个铆钉的间距 $t_1$:

　　a. 一般结构的蒙皮允许下凹量:$\Delta \leq 0.2$;

　　b. 进气道内部结构的蒙皮允许下凹量:$\Delta \leq 0.4$;

　　c. 难铆接处的蒙皮允许下凹量：$\Delta \leqslant 0.3$；

➤ 对于一个铆钉的间距 $t_2$：

　　a. 一般结构的蒙皮允许下凹量：$\Delta \leqslant 0.2$；

　　b. 多排铆钉，间距小于 30 mm，弯曲半径 300 mm 以下处的蒙皮允许下凹量：$\Delta \leqslant 0.3$；

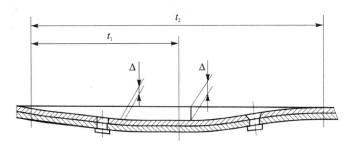

图 3.32　蒙皮下凹示意图

（4）铆接后，铆钉处被连接件之间不允许有间隙，但在两个铆钉之间允许有局部间隙，见图 3.33 所示。

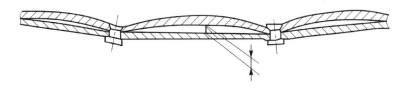

图 3.33　铆接件在两个铆钉之间的间隙

（5）铆钉镦头不能有裂纹，标准镦头应呈鼓形，如图 3.34 所示，不允许有喇叭形和马蹄形镦头。镦头尺寸应满足设计尺寸要求，镦头尺寸可从表 3.1 查得。

(a) 标准镦头　　　　　　(b) 喇叭形镦头　　　　　　(c) 马蹄形镦头

图 3.34　铆钉镦头的形状

表 3.1　铆钉标准镦头尺寸及其极限偏差

mm

| 铆钉直径 $d$ | 2.0 | 2.5 | 2.6 | 3.0 | 3.5 | 4.0 | 5.0 | 6.0 | 7.0 | 8.0 | 10.0 |
|---|---|---|---|---|---|---|---|---|---|---|---|
| 镦头直径 $D$ | 3.0 | 3.8 | 3.9 | 4.5 | 5.2 | 6.0 | 7.5 | 8.7 | 10.2 | 11.6 | 14.5 |
| 镦头直径极限偏差 | ±0.2 | ±0.25 | | ±0.3 | | | ±0.4 | ±0.5 | ±0.6 | ±0.7 | ±0.8 | ±1.0 |
| 镦头最小高度 $h_{min}$ | 0.3 | 1.0 | 1.1 | 1.2 | 1.4 | 1.6 | 2.0 | 2.4 | 2.8 | 3.2 | 4.0 |
| 镦头对钉杆同轴度 | $\Phi 0.4$ | | | | $\Phi 0.6$ | | $\Phi 0.8$ | $\Phi 1.0$ | $\Phi 1.2$ | | $\Phi 1.4$ |
| 镦头圆度 | 在铆钉镦头直径极限偏差内 | | | | | | | | | | |

　　铆钉镦头对铆钉杆同抽度的偏移如图 3.35 所示，铆钉镦头的高度和直径用样板检查，如图 3.36 所示。

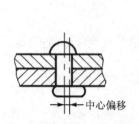

图 3.35　镦头对铆钉杆同轴度偏移

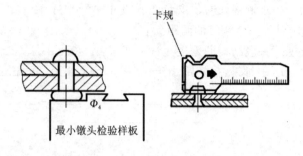

图 3.36　检验镦头用样板

（6）双面沉头铆钉的镦头直径与铆钉头直径相同,铆钉头凸出量按表 3.2 取值,测量示意图,如图 3.37 所示。

表 3.2　双面沉头铆钉的铆钉头凸出量

mm

| 部　位 | 一般 | 局部 20% | 双面沉头铆钉镦头 |
|---|---|---|---|
| 翼面类Ⅰ区 | $0<\Delta\leqslant0.1$ | $0.1\leqslant\Delta\leqslant0.15$ | +0.3 |
| 翼面类Ⅱ区,机身类 | $0<\Delta\leqslant0.15$ | $0.15\leqslant\Delta\leqslant0.2$ | |

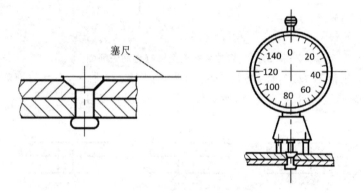

图 3.37　铆钉头凸出量测量

# 课后练习题

1. 铆接的操作要领及技巧是什么?

2. 薄蒙皮的铆接技巧是什么?

3. 楔形件的铆接方法是怎样的?

4. 曲面形工件的铆接方法是怎样的?

5. 防止蒙皮鼓动的施铆方法是怎样的?

6. 简述铆钉长度计算方法。

7. 铆钉镦头尺寸及其极限偏差是怎样规定的?

8. 沉头铆钉的修整方法及要求是什么?

9. 铆接质量要求是怎样的?

# 第4章　其他铆接方法

## 4.1　压　铆

压铆是利用压铆机产生的静压力镦粗铆钉杆形成镦头的一种铆接方法。压铆件的表面质量好,变形小而且连接强度高。因此,在结构工艺性允许的情况下优先采用压铆。

根据产品的结构形式的不同和铆缝特点的差异,正确选择压铆机型号和压铆模进行压铆。本节主要学习手提压铆机和固定式压铆机压铆的操作。

压铆的典型工艺流程如下:

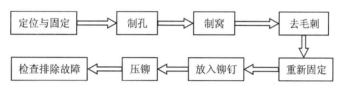

### 4.1.1　手提压铆机压铆

由于受手提式压铆机钳口尺寸和形状的限制,一般仅适用于结构边缘铆缝的单钉压铆。

手提压铆机压铆操作程序如下:

(1) 按工艺规程和指令,根据产品结构特点选择所需压铆机钳口形式和压铆冲头;

(2) 用测量法和计算法确定铆缝夹层的厚度;

(3) 分别在手提压铆机的固定臂和活动臂上安装压铆冲头,如图4.1所示。铆接平头铆钉时,铆钉头冲头安装在固定臂上,并调整上下冲头之间的距离。其距离按如下公式确定:

$$H = \sum \delta + (0.5 \pm 0.1)d \tag{4.1}$$

式中:$H$——上下冲头之间的距离;

$\sum \delta$——铆缝夹层厚度;

$d$——铆钉直径。

手提压铆机上下冲头间距的调整方法,先接通气源,扳动压铆机上的气门,试操作压铆机。当带有上冲头的活动臂到达下死点位置时,即活塞杆伸出量最小的位置,用旋具调整固定臂上的下冲头,然后用通用量具测量得到所需距离,最后用扳手拧紧下冲头。

(4) 用等厚度试片进行试铆1~3个铆钉,检验质量合格后,再在产品上进行铆接。

(5) 压铆一般采用正铆法,铆接时,压铆机固定臂的下冲头首先接触铆钉头部,并调整铆接件,使其外表面应与冲头垂直,然后进行压铆。在压铆过程中,手拿压铆机应灵活,手灵活用力,否则会影响铆接质量。

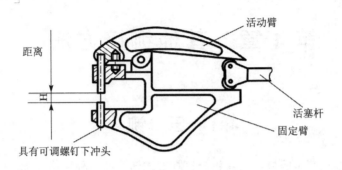

**图 4.1　手提压铆机上下冲头距离的调整**

## 4.1.2　用 KII－204 压铆机压铆

　　KII－204 压铆机是气动杠杆固定式单钉压铆机，主要用于框、梁、肋、平面类，以及小型组合件的压铆。

　　KII－204 压铆机的压铆行程装置安装在弯臂上部，为方便调整镦头高度和观察镦头的质量，通常采用正铆法进行压铆。即压铆时，铆钉由下向上穿入，每放入一个铆钉，压铆机完成一个压铆循环工作。

　　KII－204 压铆机压铆的操作流程如下：

　　① 根据铆接件的结构形式合理选择压铆冲头；

　　② 将选好的铆模分别安装在压铆机的上柱杆与下柱杆上；

　　③ 接通压铆机的气源，调整上下铆模之间的距离。首先将带有上铆模的上柱杆下降至最低位置，然后将带有下铆模的下柱杆通过转动螺杆向上移动下铆模，并按铆缝夹层厚度与铆钉镦头高度之和测得所需要的距离，如图 4.2 所示；

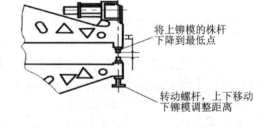

　　④ 用与结构等厚度的试片试铆 1～3 个铆钉，经检验质量合格后，再在产品上进行压铆；

**图 4.2　KII－204 压铆机上下铆模距离的调整**

　　⑤ 铆接时，铆接件表面应与上下铆模垂直，以获得较高的铆接质量。

　　➢ 当铆接半圆头铆钉时，用铆钉头做定位基准，采用正铆法进行铆接，如图 4.3(a)所示。

　　➢ 当铆接沉头铆钉时，铆接件为冲窝，则以冲窝作为定位基准，采用反铆法进行铆接，如图 4.3(b)所示。

　　➢ 当铆接平头铆钉时，一般采用反铆法进行铆接，如图 4.3(c)所示。也可采用正铆法，但所选用铆模的窝必须与铆钉头的形状保持一致。

　　⑥ 踩下脚踏板，动力组把上柱杆向下移动，首先弹簧铆模上的弹簧压紧器压紧铆接件，进而使上铆模压铆钉的钉杆形成镦头。然后在汽缸的作用下，上柱杆带上铆模返回原位，完成一次铆接循环。如图 4.4 所示。

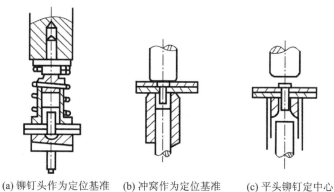

(a) 铆钉头作为定位基准　　(b) 冲窝作为定位基准　　(c) 平头铆钉定中心

**图 4.3　用压铆模定位方法**

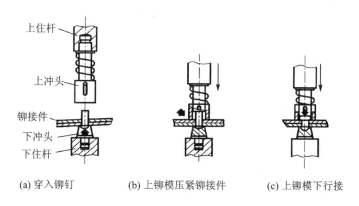

(a) 穿入铆钉　　　　(b) 上铆模压紧铆接件　　　(c) 上铆模下行接

**图 4.4　KII－204 压铆机压铆工作环**

## 4.1.3　压铆机的维护和注意事项

压铆机、模具以及辅助设备等的正确使用和维护,对设备的工作质和使用寿命都有直接的影响。

维护工作包括以下几个方面:

① 按照设备的润滑图表进行注油润滑;

② 放掉空气系统油水分离器内的水和杂质,并对准注油器加入润滑油,调节注油量使压铆机在每一个工作行程中均匀注入几滴润滑油;

③ 工作前,首先应检查设备各部分的固定与连接情况,打开空气系统检查系统压力,压力应不低于 0.5 MPa;

④ 在正式压铆前,应先试车,检查各机构工作是否正常;

⑤ 按照铆接件的夹层厚度、铆钉直径以及工作开敞的情况,选择压铆模并调整压铆机;

⑥ 进行试铆,检查铆接的质量(如镦头高度、直径和形状等),以及铆接件表面质量,看是否有凹陷、划伤、压伤等缺陷。

工作中应注意的事项:

① 注意观察压力表示数,当气源压力低于 0.4 MPa 时,应停止铆接;

② 工作中若发现设备出现故障应及时进行检查并排除,如故障严重时应停止铆接并进行

维修处理；

③ 注意铆钉的数量和直径，不应超过压铆机的负载，压铆形成镦头的压力与铆钉材料和直径有关；

④ 对变厚度的铆接件进行成组压铆时，应选用有斜度的压铆模以防止镦头歪斜。

# 4.2 抽芯铆钉铆接

在飞机铆接装配技术中特种铆接被广泛应用，如抽芯铆钉铆接、环槽铆钉铆接、螺纹空心铆钉铆接以及干涉配合铆接等。特种铆接能满足铆接件特殊要求，可进一步提高结构的强度和疲劳寿命，增强密封性，解决单面通路区的连接问题等。

抽芯铆钉铆接为单面铆接，铆钉的种类很多，目前常用的有拉丝型抽芯铆钉和鼓包型抽芯铆钉。拉丝型抽芯铆钉主要由钉套、芯杆和锁环组成，使用双动拉铆枪进行铆接。CR3000 系列鼓包型抽芯铆钉由钉、芯杆、锁环和垫圈等组成，芯杆上带有一个剪切环，有利于形成镦头。该系列铆钉使用单动拉铆枪即能完成铆接工作。

## 4.2.1 拉丝型抽芯铆钉铆接

### 1. 技术要求

① 当铆钉直径为 4 mm 和 5 mm 时，铆钉孔的直径极限尺寸分别为 $4.1^{+0.10}_{0}$ mm 和 $5.1^{+0.10}_{0}$ mm。当在薄夹层（厚度等于 2.5 mm）铆接沉头铆钉时，孔径极限偏差可取 $^{+0.15}_{0}$ mm。铆钉孔的圆度应在孔极限偏差以内，其表面粗糙度为 $Ra$ 1.6 。

② 孔的间距极限偏差为 $\pm 1$ mm，边距极限偏差为 $^{+1}_{-0.5}$ mm。

③ 铆接后的芯杆和锁环要平整，芯杆断槽处的光滑台肩 $B$ 面不能高于钉套的上表面 0.5 mm 也不能低于钉套的上表面 0.25 mm，见图 4.5 所示。

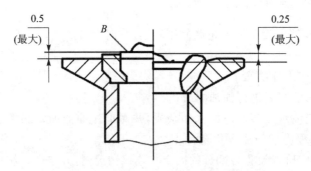

图 4.5　铆接后芯杆端槽初光滑台肩的位置

④ 当芯杆断槽处的光滑台肩 $B$ 面高出钉套的上表面时，锁环不能高于钉套的上表面 0.5 mm；如果 $B$ 面与钉套的上表面平齐或低于钉套的上表面，见图 4.6 所示，那么锁环不能高于 $A$（当抽钉基本直径为 4 mm 和 5 mm 时，$A$ 值分别为 0.5 mm 和 0.6 mm）。

⑤ 位于气动外缘表面的芯杆按照设计要求，铣平高出钉套的凸出量，位于非气动外缘表面的芯杆拉断面不需要铣平。

⑥ 当抽钉基本直径为 4 mm 和 5 mm 时，拉丝型抽芯铆钉镦头的最小直径分别为

4.55 mm 和 5.60 mm。

⑦ 要求钉套不能有开裂和裂纹现象,锁环也不能松动。

**2. 铆钉长度的选择**

根据抽芯铆钉基本直径的大小和夹层厚度来确定铆钉的长度,首先用夹层厚度尺测出夹层厚度,如图 4.7 所示。当为变厚度结构时,其测量基准要选在孔的最浅处,如图 4.8 所示。根据夹层厚度尺的读数确定夹层号(如表 4.1 所列)。

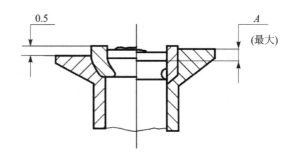

图 4.6　铆接后锁环的位置

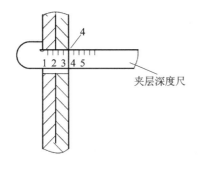

图 4.7　测量夹层深度

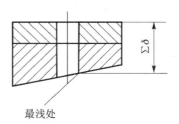

图 4.8　变厚度夹层测量基准

表 4.1　夹层厚度尺的读数确定夹层号

| 简　图 | | 夹层号 | 1 | 2 | 3 | 4 | 5 | 6 | 7 | 8 | 9 | 10 | 11 | 12 |
|---|---|---|---|---|---|---|---|---|---|---|---|---|---|---|
| 最浅处 | $\Sigma\delta/$ (mm) | $\geqslant$ | — | — | 3.5 | 5.0 | 6.5 | 8.0 | 9.5 | 11.0 | 12.5 | 14.0 | 15.5 | 17.0 |
| | | $<$ | — | 3.5 | 5.0 | 6.5 | 8.0 | 9.5 | 11.0 | 12.5 | 14.0 | 15.5 | 17.0 | 18.0 |

注:1. 适用于 HB5844 拉丝型铝抽芯铆钉。

　　2. 适用于 HB5892 拉丝型钢抽芯铆钉。

**3. 拉丝型抽芯铆钉施铆的工艺过程**

① 铆钉孔的加工方法采用钻扩,优先采用钻扩复合钻加工。

② 按铆钉的种类和直径大小选用适合的拉铆枪,并根据产品结构的可达性选用不同形式的拉头和转接器。

③ 施铆的工艺过程见图 4.9 所示。

➢ 把铆钉放入拉铆枪的拉头内,使拉头内的卡爪把铆钉夹住。然后把铆钉放入孔内,使拉铆枪垂直于结构件表面并压紧,以消除结构件之间的间隙。

➢ 将芯杆拉入钉套中,扣动扳机,芯杆被向上拉,使芯杆尾端较粗部分进入钉套内,将钉套由下而上地逐渐胀粗,使钉套填满钉孔。当拉铆枪继续抽拉芯杆到一定位置时,结构件被紧紧地贴靠在一起,消除了结构件之间的间隙。

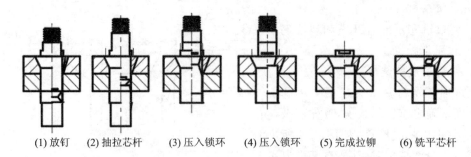

(1) 放钉　(2) 抽拉芯杆　(3) 压入锁环　(4) 压入锁环　(5) 完成拉铆　(6) 铣平芯杆

**图 4.9　拉丝型抽芯铆钉铆接工艺过程**

➤ 继续拉抽芯杆，产生了形似拉丝的动作，并完成了孔的填充动作，形成镦头。此时芯杆的断口处已停留在与钉头面齐平处。

➤ 压入锁环，拉铆枪的第二个动作，将锁环推入芯杆与钉套的锁紧环槽内。

➤ 芯杆被拉断，完成拉铆。

➤ 铣平芯杆，用铣平器铣平芯杆的断口。

# 4.2.2　CR3000 系列鼓包型抽芯铆钉的铆接

## 1. 技术要求

（1）铆钉孔的直径、极限偏差、圆度及表面粗糙度如表 4.2 所列。

**表 4.2　铆钉孔直径、极限偏差、圆度、表面粗糙度**

| 铆钉直径号 | 铆钉直径号/mm(in) | 孔的极限偏差/mm | | 圆　　度 | 表面粗糙度 |
| --- | --- | --- | --- | --- | --- |
| | | min | max | | |
| 4 | 3.175(4/32) | 3.277 | 3.353 | 在孔的极限偏差范围内 | ≥$Ra$3.2 |
| 5 | 3.969(5/32) | 4.064 | 4.166 | | |
| 6 | 4.763(6/32) | 4.877 | 4.978 | | |

（2）孔的间距极限偏差为 ±1.0 mm，边距极限偏差为 $^{+0.1}_{-0.5}$ mm。

（3）沉头铆钉窝与钉孔的中心应同抽，窝的直径应符合要求，锥柱交叉线应倒圆 $R$0.25。

（4）铆接后的芯杆和锁环应平整。芯杆断层处光滑台肩与钉套的凸凹量见图 4.10 所示。

（5）铆接后，钉套不允许裂纹，锁环锁紧要牢靠，且不允许松。

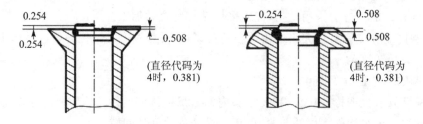

0.254　0.508　0.254　（直径代码为 4 时，0.381）　0.254　0.508　（直径代码为 4 时，0.381）

**图 4.10　芯杆断层处光滑台肩与钉套的凸凹量**

## 2. 铆钉长度的选择

鼓包型抽芯铆钉的长度是按结构件夹层厚度确定的。制孔后，首先用夹层厚度尺测量结构件的夹层厚度(如图 4.11 所示)。读数不足一格按 1 读数;读数＞ 1 格而≤2 格时按 2 读数;读数＞2 格而≤3 格时按 3 读数,并依此类推(详见表 4.3)。夹层厚度尺上的标数单位为 1/16 in,读数为 2 时表示 2/16 in,读数为 3 时表示 3/16 in。

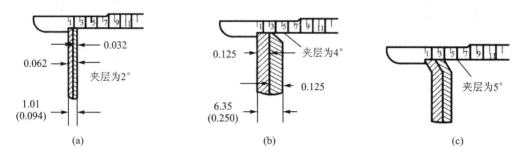

图 4.11 使用层厚度尺测量结构件的夹层厚度

表 4.3 鼓包型抽芯铆钉的长度确定方法

mm

| 简 图 | 夹层厚度代号 | | 1 | 2 | 3 | 4 | 5 | 6 | 7 | 8 |
|---|---|---|---|---|---|---|---|---|---|---|
| | $\Sigma\delta$ | min | ① | 1.6 | 3.2 | 4.775 | 6.375 | 7.95 | 9.55 | 11.125 |
| | | max | 1.575 | 3.175 | 4.75 | 6.35 | 7.925 | 9.525 | 11.1 | 12.7 |

注:直径代码为 4 时,最小夹层厚度为 0.625 mm;

直径代码为 5 时,最小夹层厚度为 0.787 mm;

直径代码为 6 时,最小夹层厚度为 0.94 mm。

**3. 铆钉施铆工艺过程**

(1)根据铆钉孔精度一般采用钻扩的方法制作铆钉孔,可优先选用钻扩为一体的复合钻。

(2)根据产品结构的可达性选用不同形状的拉头(如图 4.12 所示)。

(a) H701A–453直接头    (b) H763–456偏距拉头    (c) H753–458直角拉头

图 4.12 拉 头

(3)施铆的工艺过程见图 4.13 所示。

① 将铆钉塞入拉铆枪的拉头内,拉头端面应与钉套上的垫圈相贴合。拉头内的卡爪将铆钉夹住(注意此时的铆钉不可从拉头内退出,若要退出,必须分解拉头)。将铆钉放入孔内,使拉铆枪垂直于结构件表面并压紧,以消除结构件之间的间隙。

② 将芯杆拉入钉套,扣动扳机,拉头紧顶住垫圈,芯杆被向上抽拉。

③ 拉铆枪继续抽拉芯杆,钉套尾端失稳,形成鼓包镦头,然后将锁环挤入芯杆与钉套之间的空腔,锁紧芯杆。

④ 拉铆枪再继续抽拉,直到把芯杆拉断,被拉断的残尾杆从拉铆枪中自动弹出,并把露在

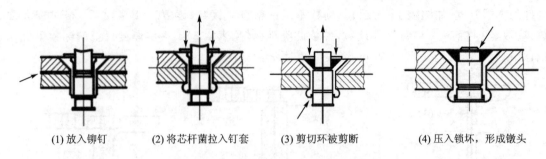

(1) 放入铆钉　　(2) 将芯杆菌拉入钉套　　(3) 剪切环被剪断　　(4) 压入锁坏，形成镦头

**图 4.13　鼓包型抽芯铆钉铆接工艺过程**

工件外边的多余部分铣掉。

**4. 常见故障及排除方法**

抽芯铆钉铆接常出现的故障及排除方法如表 4.4 所列。

**表 4.4　抽芯铆钉铆接常出现的故障及排除方法**

| 序　号 | 故障简图 | 故障内容 | 产生原因 | 排除方法 |
|---|---|---|---|---|
| 1 |  | 芯杆拉出,松动 | 钉孔大,夹层厚度太小,铆钉长度不合适 | 加大一级铆钉或更换铆钉 |
| 2 |  | 芯杆凹入钉套 | 1.铆钉太小；<br>2.夹层厚度大,铆钉短；<br>3.功率不足 | 更换新铆钉<br>调整气源压力,满足功率要求 |
| 3 |  | 钉套头与结构件接触面之间有间隙 | 1.钉孔不垂直<br>2.拉头与机构件表面不垂直 | 重新扩孔更换铆钉更换新铆钉 |
| 4 |  | 钉套头与沉头窝产生斜间隙 | 窝与孔轴线不同轴 | 按技术文件规定更换新铆钉 |

**5. 铆钉的分解**

由于抽芯铆钉结构较为复杂,有的芯杆和钉套的材料不尽相同,鼓包型抽芯铆钉的干涉量较小,分解铆钉的难度较大,在分解过程中要严格控制多余物,其分解的程序如图 4.14 所示。

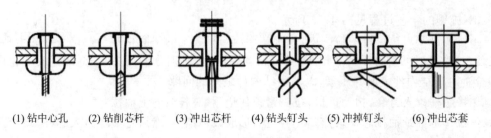

(1)钻中心孔　(2)钻削芯杆　(3)冲出芯杆　(4)钻头钉头　(5)冲掉钉头　(6)冲出芯套

**图 4.14　铆钉的分解**

　　首先,用小钻头钻出中心点;再用与芯杆直径相同的钻头钻削芯杆至锁环深度,将锁环钻掉,专用尖冲头冲出芯杆;然后用与钉套直径相同的钻头钻削钉套的钉头,其深度不能超过钉套的高度。最后用尖冲头冲掉钉套头,再用柱形销冲掉钉套。

# 4.3　环槽铆钉铆接

　　环槽铆钉由带环槽的铆钉和钉套组成。接受力形式分有抗拉型和抗剪型环槽钉;按铆接方法分有拉铆型和镦铆型环槽钉。

**1. 技术要求**

　　(1) 铆钉孔的直径与铆钉直径相同,公差带为 H10,表面粗糙度不大于 $Ra1.6$。

　　(2) 孔的间距极限偏差为 $\pm 1.0$ mm,边距极限偏差为 $^{+1}_{-0.5}$ mm。

　　(3) 沉头环槽铆钉锪窝时,窝与孔抽线的同抽度不大于 $\Phi 0.66$ mm,窝抽线偏斜不大于 $1°$(如图 4.15 所示)。

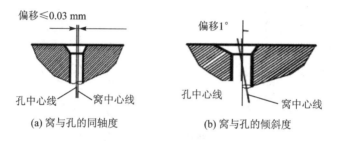

图 4.15　窝与孔的位置

　　(4) 铰孔后,孔边和窝柱相交线制倒角或倒圆(见图 4.16 所示),其数值见表 4.5。

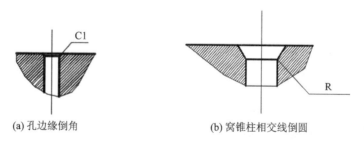

图 4.16　孔倒角倒圆

表 4.5　环槽铆钉孔倒角或倒圆数值

mm

| 环槽铆钉直径 | | | 4 | 5 | 6 |
|---|---|---|---|---|---|
| C(R) | 基本尺寸 | HB5501~HB5504 | 0.3 | | |
| | | HB5505 | 0.4 | 0.5 | |
| | | HB5506 | 0.4 | | |
| | 极限偏差 | | $\pm 0.2$ | | |

　　(5) 沉头窝的角度和深度与铆钉头一致,钉头高出结构件表面的量应符合技术要求。

（6）钉套成形后不得松动，表面应光滑，钉套与结构之间不允许有间隙。

（7）铆钉头与结构件之间不贴合，其单向间隙不大于 0.08 mm。

**2. 环槽铆钉铆接工艺过程**

优先选用风钻铰孔。放钉前，先用夹层厚度尺检查夹层厚度核准铆钉的长度。对干涉配合铆接的环槽铆钉尤为重要，以免造成不必要的返工和排故。当结构件夹层为变厚度时，测量基准应选孔的中心线上（如图 4.17 所示）选择环槽铆钉的长度，首先考虑环槽铆钉光杆部分的长度，并按公式（4.2）确定（如图 4.18 所示）。

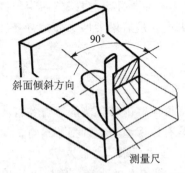

图 4.17 用夹层厚度尺测量夹层厚度

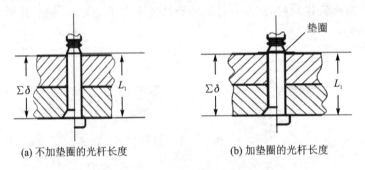

(a) 不加垫圈的光杆长度　　　　　　(b) 加垫圈的光杆长度

图 4.18 环槽铆钉光杆部分的长度

$$\sum \delta \leqslant L_1 \leqslant \sum \delta + 1 \qquad (4.2)$$

式中：$\sum \delta$——夹层厚度（包括垫圈厚度）；

　　　$L_1$——环槽铆钉光杆部分长度。

环槽铆钉的光杆只允许凸出夹层的长度为≤1.0 mm，不允许凹入。

拉铆型环槽铆钉的长度按公式（4.3）选取

$$L_{拉} = L_1 + T + 30 \qquad (4.3)$$

镦铆型环槽铆钉的长度按公式（4.4）选取。

$$L_{铆} = L_1 + T \qquad (4.4)$$

公式（4.3）和公式（4.4）中，$T$ 为环槽铆钉环槽段的长度。

（1）用拉铆枪（拉枪）铆接拉铆型环槽铆钉的施铆过程（如图 4.19 所示）。

① 放入铆钉套上钉套，钉杆从工件的一侧插入，将钉套套入伸出的铆钉尾杆上，注意钉套的套入方向，切不可装反，然后将装在拉枪上的拉头套在尾杆上，拉头中的夹头卡爪自动啮住尾杆拉槽。

② 扣动扳机，此时拉枪产生一种作用在钉杆上的拉力，其反作用力通过型模顶住钉套，将钉杆拉入钉孔内，并消除夹层之间的结构间隙。

③ 继续扣动扳机，当拉力增大时，拉枪的砧座沿钉套移动，迫使钉套的材料挤到钉杆的锁紧环槽内，形成镦头。

④ 继续扣动扳机,当拉枪的拉力达到预定拉力时,在环槽铆钉的断槽处被拉断,尾杆自动抛出。

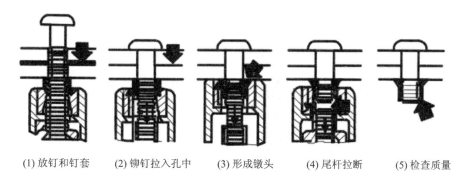

(1) 放钉和钉套　(2) 铆钉拉入孔中　(3) 形成镦头　(4) 尾杆拉断　(5) 检查质量

**图 4.19　拉铆型环槽铆钉施铆过程**

⑤ 检查镦头质量,并按要求进行防腐处理。

(2) 镦铆型环槽铆钉的施铆过程(如图 4.20 所示)。

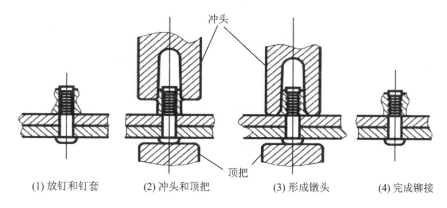

(1) 放钉和钉套　(2) 冲头和顶把　(3) 形成镦头　(4) 完成铆接

**图 4.20　镦铆型环槽钉铆接施铆过程**

铆接镦铆型环槽铆钉应优先选用压铆机压铆,其次选用铆枪进行铆接。

① 放入铆钉套上钉套。如果是干涉配合,则用榔头或铆枪将铆钉打入孔中。

② 用顶把顶紧铆钉头,冲头模腔套在钉套上。一般按如下公式选择顶把的质量:

$$m = kd \qquad (4.5)$$

式中:$m$——顶把的质量;

　　$d$——铆钉直径;

　　$k$——系数,一般取 1.5 kg/ mm。

③ 形成镦头

启动铆枪,借冲头的捶击力将套环材料挤入铆钉镦头端的环槽内,并靠冲头的特定窝形将套环成形为要求的形状,以形成牢固的镦头(注:镦铆时冲头切勿触及钉杆,以防钉杆松动)。

④ 完成铆接

完成铆接,并按要求进行防腐处理。

**3. 环槽铆钉铆接常出现的故障及排除方法**

具体方法如表 4.6 所列。

表 4.6　故障产生原因及排除方法

| 序　号 | 故障内容 | 故障简图 | 产生的原因 | 排除方法 |
|---|---|---|---|---|
| 1 | 环槽铆钉拉环不进孔中 | 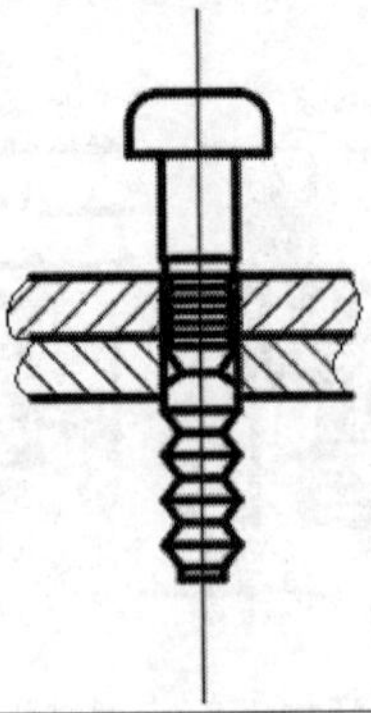 | 1.孔直径偏小,公差带不符合要求;<br>2.拉枪功率不足 | 1.按要求复铰孔公差带符合要求;<br>2.检查气源压力不得小于使用压力,检查拉枪的密封性 |
| 2 | 环槽铆钉钉头与结构合面不贴合,有斜间隙 | 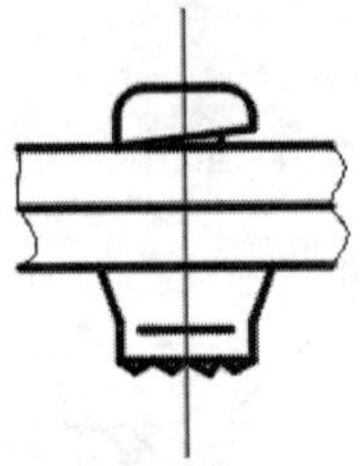 | 顶孔轴线与结构表面不垂直 | 按技术要求重新更换加大的环槽或标准螺栓组连接件 |
| 3 | 沉头环槽铆钉头凹凸不平,沉头没有填满沉头窝,产生斜间隙 | 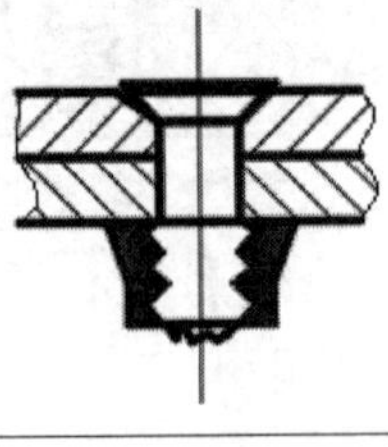 | 沉头窝锪制不标准,沉头窝与钉孔轴线同轴度超差 | 凸者:重新锪沉头窝;<br>凹者:按规定加大更换环槽铆钉或标准螺栓组连接件 |
| 4 | 钉套与结构不贴合,有斜间隙 | 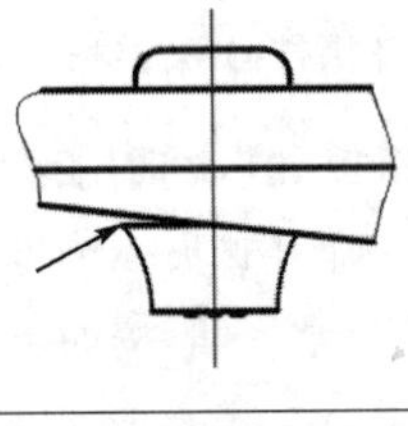 | 结构面的斜度太大,一般不允许大于 3° | 按规定锪平面,重新更换铆钉 |
| 5 | 用检验样板检查镦头不符合要求,触角末触及环槽钉头 | 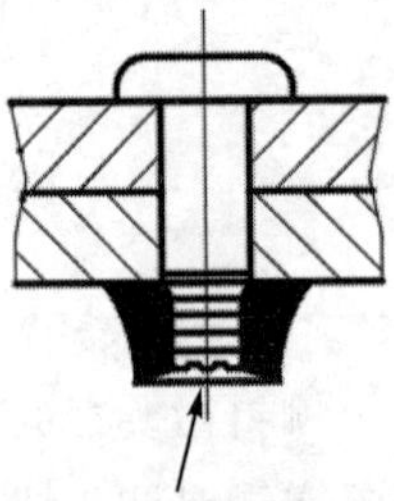 | 环槽铆钉长度偏小 | 更换新铆钉 |

　　环槽铆钉的分解过程:拆钉套→用锉刀锉掉钉杆上因拆套而产生的毛刺→用铆钉冲将钉杆从孔中冲出,过程如图 4.21 所示。

　　拆钉套时还可以用手动拆套钳(如图 4.22 所示)。将钉套剪开或用空心铣刀(如图 4.23 所示)将钉套铣掉。

顶把

錾子

铆钉冲

图 4.21　环槽铆钉的分解过程

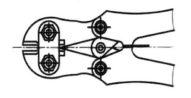

图 4.22　拆套钳

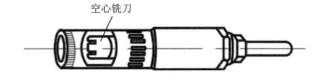

空心铣刀

图 4.23　空心铣刀

**4. 质量控制**

(1) 环槽铆钉头与铆接件接触表面应贴合,且允许有不大于 0.08 mm 单向间隙存在。

(2) 沉头环槽铆钉的凹凸量应符合产品设计技术文件的要求。

(3) 钉套不允许松动,与铆接件接触面应贴合,不允许有间隙存在,且表面光滑。

(4) 用镦头检验样板的过端和止端,检查钉杆和镦头质量(如图 4.24 和图 4.25 所示)。

① 用样板的过端检查钉杆:

a. 当样板触角接触钉杆、样板端面与工作表面有间隙时,选择的钉杆长度合适,如图 4.24(a)所示。

b. 当样板触角没有接触钉杆端头,样板端面接触工件表面时,钉杆短,镦头不合适,如图 4.24(b)所示。

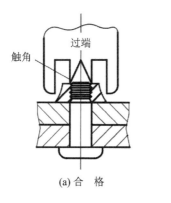
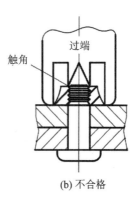

过端

触角

过端

触角

(a) 合　格

(b) 不合格

图 4.24　用样板过端检查钉杆质量

② 用样板的止端检查钉套和钉杆:

a. 当样板触角没有接触钉杆,样板端面接触工件而不接触钉套时,选择的钉杆长度合适,钉套成形合格如图 4.25(a)。

b. 当样板触角接触钉杆,样板端面离开工件表面并接触到钉套时,钉杆太长,钉套镦制不够,不合格如图 4.25(b)。

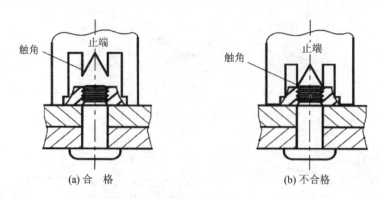

图 4.25　用样板止端检查镦头质量

**5．环槽铆钉铆接操作要领和注意事项**

➤ 拉铆时拉枪的头部要保持垂直于工件表面,并施以足够压力使钉套贴靠工件。
➤ 拉铆型环槽钉铆接时,其动力部分之功率及拉枪头必须符合铆钉的规格和形状要求。
➤ 铆钉插入或打入孔内的动作必须轻而稳。
➤ 开始拉铆时要将拉枪头部推到底并稳稳地把好拉枪。
➤ 如果钉头与构件不靠合,则拉铆完的铆钉绝不允许再将钉头打靠。
➤ 钢的环槽钉铆接时,必须将拉枪的压力调节阀调到高压位置。
➤ 镦铆型环槽钉铆接时,注意选择适宜的铆卡,否则不能很好地扣压钉套。
➤ 注意防止钉杆断时由于拉枪回弹而磕伤碰伤工件。
➤ 制孔后,必须用夹层厚度尺检测铆接件的夹层厚度,以选取适合的铆钉长度。

# 4.4　螺纹空心铆钉铆接

螺纹空心铆钉主要用于单面通路和受力较小结构部位的铆接,如软油箱槽内蒙皮的铆接。

**1．技术要求**

(1)螺纹空心铆钉孔的直径及其极限偏差如表 4.7 所列,孔的其他要求应符合普通铆钉孔的规定。

表 4.7　螺纹空心铆钉孔的直径及极限偏差

mm

| 铆钉直径 | 铆钉孔直径 | 孔径极限偏差 |
|---|---|---|
| 4 | 4.1 | ±0.2<br>0 |
| 5 | 5.1 | |
| 6 | 6.1 | |

(2)用于安装凸头铆钉的孔,在铆钉头一侧应制出深为 0.2 mm 的 45°倒角。
(3)镦头直径如表 4.8 所列。

**表 4.8　螺纹空心铆钉镦头直径**

mm

| 螺纹空心铆钉铆接<br>示意图 | 铆钉参数 | 可选尺寸序列(单位:mm) | | |
|---|---|---|---|---|
| 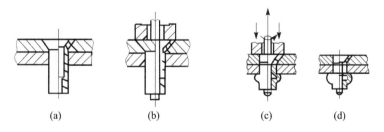 | $d$(铆钉直接) | 4 | 5 | 6 |
| | $D_{min}$(墩头最小直径) | 5.5 | 6.5 | 8 |

**2. 铆钉长度的选择**

根据夹层厚度选择合适的铆钉长度,可按如下公式确定:

$$L = \sum \delta + 9^{+0.5}_{-0.1} \tag{4.6}$$

盲螺纹空心铆钉的长度可按如下公式确定:

$$L = \sum \delta + 12^{+0.5}_{-0.4} \tag{4.7}$$

式中:$L$——所需要的铆钉长度;

　　　$\sum \delta$——连接夹层的总厚度。

**3. 螺纹空心铆钉铆接工艺过程**

螺纹空心铆钉铆接的典型工艺过程如图 4.26 所示(图(a)～(d)表示工艺过程)。

施铆前,根据产品的开敞性和铆钉的形状、直径和长度选择所需要的工具,如抽钉枪和抽钉钳等。然后在试片上进行试铆,检查工具并调整工具参数,直至合格。

|  |  |  |  |
|:---:|:---:|:---:|:---:|
| (a) | (b) | (c) | (d) |

**图 4.26　螺纹空心铆钉的施铆过程**

采用钻孔的方法制铆钉孔为:

(1) 首先将铆钉安装于抽钉工具上。安装通孔螺纹空心铆钉时,抽钉工具中抽拉芯杆的螺纹头部应露出铆钉的尾部(如图 4.27(a)所示)。安装盲孔螺纹空心铆钉时,抽钉工具中的抽拉芯杆螺纹头部应旋到铆钉的底部(如图 4.27(b)所示)。用抽钉钳抽铆时,用调节制孔螺母和止动块距离来控制抽拉芯杆的行程(如图 4.28(a)所示)。使用长柄抽钉钳时,用调节工作头的螺母来控制抽拉芯杆的行程(如图 4.28(b)所示)。

(2) 将铆钉穿入孔中。

(3) 抽钉工具的工作头应垂直且紧贴结构件的表面,进行抽拉。若铆钉松动,则应继续调整抽钉工具中的螺母,进行二次抽拉,直至拉紧为止。

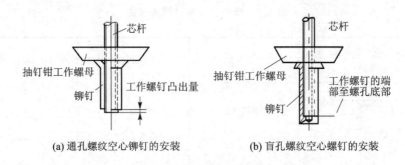

(a) 通孔螺纹空心铆钉的安装          (b) 盲孔螺纹空心螺钉的安装

**图 4.27  螺纹空心铆钉在抽钉工具上的安装**

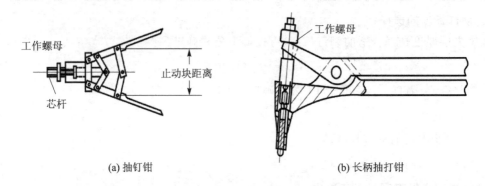

(a) 抽钉钳                    (b) 长柄抽打钳

**图 4.28  螺纹空心铆钉抽钉钳**

（4）按技术要求。在铆钉孔内安装螺栓，并涂 Y-150 厌氧胶保险。

# 4.5  干涉配合铆接

干涉配合铆接是指在钉孔的配合间隙中提高精度，有控制地镦粗铆钉杆，填满钉孔间隙使孔胀大，从而形成干涉配合。它是一种连接强化技术，能显著提高结构的疲劳寿命，并能获得良好的密封性。相对干涉量是铆接后钉孔直径与铆接前钉孔直径之差同铆接前钉孔直径之比的百分数。根据结构件的材料和铆钉直径的大小来选择干涉量，一般来说，相对干涉量最好在 1%～3% 之间，太大会产生应力腐蚀和铆接件变形，太小达不到预期效果。干涉配合铆接按所用的铆钉分为普通铆钉干涉配合铆接，无头铆钉干涉配合铆接，冠头铆钉干涉配合铆接。由于铆钉结构不同，故铆接的工艺方法也不相同。

普通铆钉干涉配合铆接典型工艺过程如图 4.29 所示。

无头铆钉干涉配合铆接典型工艺过程如图 4.30 所示。

冠头铆钉干涉配合铆接典型工艺过程如图 4.31 所示。

**1. 夹紧和确定孔位**

干涉配合铆接的夹紧和确定孔位除下述要求外，其他与普通铆接的相同。

（1）普通铆钉、冠头铆钉干涉配合铆接的定位销间距，在曲面上不大于 150 mm，在平面上不大于 200 mm。

（2）无头铆钉、冠头铆钉干涉配合铆接的边距不得小于 2 倍铆钉直径，间距不得小于 4 倍铆钉直径。

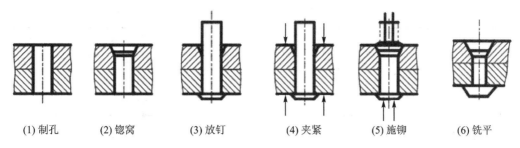

(1) 制孔　　(2) 锪窝　　(3) 放钉　　(4) 夹紧　　(5) 施铆　　(6) 铣平

**图 4.29　普通螺钉干涉配合铆接工艺过程**

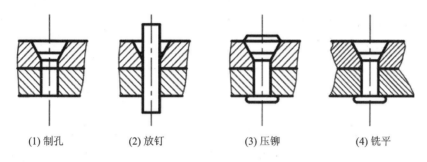

(1) 制孔　　(2) 放钉　　(3) 压铆　　(4) 铣平

**图 4.30　无头铆钉干涉配合铆接工艺过程**

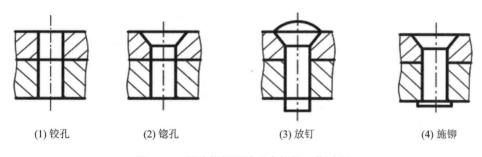

(1) 铰孔　　(2) 锪孔　　(3) 放钉　　(4) 施铆

**图 4.31　冠头铆钉干涉配合铆接工艺过程**

（3）无头铆钉干涉配合铆接时必须先用铆钉定位。孔位可按产品图样编制程序，由机床自行完成。

**2．制　孔**

孔的技术要求（如表 4.9、表 4.10 所列）。

**表 4.9　干涉配合铆接孔的技术要求**

| 铆钉种类 | 铆钉基本直径/mm | 公差带/mm | 表面粗糙度/μm | 圆　度 | 孔轴线偏斜度/(°) |
|---|---|---|---|---|---|
| 普通铆钉孔 | $D=d+0.08$ | H9 | $Ra \leqslant 3.2$ | 在孔的极限偏差范围内 | $\geqslant 2$ |
| 无头铆钉孔 | | $\begin{matrix}+0.075\\+0\end{matrix}$ | | | $\geqslant 3$ |
| 冠头铆钉孔 | | $\begin{matrix}+0.075\\+0\end{matrix}$ | | | $\geqslant 4$ |

注：$d$ 为铆钉基本直径。

表 4.10 孔的加工方法

| 铆钉种类 | 钻初孔 | 扩 孔 | 铰 孔 | 备 注 |
|---|---|---|---|---|
| 普通铆钉 | √ | √ | √ | 采用钻铰复合钻头一次完成 |
| 无头铆钉 | | | | 在自动钻铆机上采用钻铰锪复合一次完成 |
| 冠头铆钉 | √ | √ | √ | 采用钻铰复合钻头一次完成 |

### 3. 锪 窝

(1) 锪窝的技术要求

① 冠头铆钉的沉头窝角度应与铆钉头角度一致。蒙皮窝的深度应与铆钉头最小高度小 0.02～0.05 mm,用铆钉检查时,铆钉头相对零件的凸出量为 0.02～0.10 mm。其形状和尺寸如图 4.32 所示、如表 4.11 所列。

表 4.11 冠头铆钉的沉头窝深度及极限偏差

mm

| 铆钉直径 | 3 | 3.5 | 4 | 5 |
|---|---|---|---|---|
| 沉头窝深度−0.1 | 1.07 | 1.26 | 1.43 | 1.80 |

② 普通铆钉、无头铆钉沉头窝为双角度窝如图 4.33 所示,尺寸如表 4.12 所列。

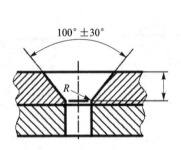

图 4.32 冠头铆钉沉头窝图

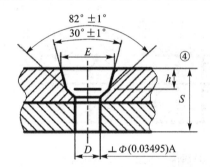

图 4.33 普通铆钉、无头铆钉沉头窝

表 4.12 普通铆钉·无头铆钉沉头窝尺寸

mm

| 铆钉直径 | 沉头窝直径 $E\pm0.1$ | 沉头窝深度 $h\pm0.1$ | 圆角 $R\pm0.2$ |
|---|---|---|---|
| 3.5 | 4.9 | 1.4 | 0.8 |
| 4 | 5.6 | 1.6 | 1.0 |
| 5 | 7.0 | 2.0 | 1.3 |
| 6 | 8.4 | 2.4 | 1.3 |

③ 窝的圆度应在其直径极限偏差内。

④ 窝表面不允许有棱角、划伤、破边及裂纹。

⑤ 零件表面由德窝钻套造成的压痕,凹陷和轻微的机械损伤是允许的。但其深度应小于材料包覆层,数量不大于铆钉排内窝数的 3%。

（2）锪窝的工艺方法

锪普通铆钉沉头窝和冠头铆钉沉头窝时，一般应使用可调锪窝限动器。冠头铆钉沉头窝应使用整体锪钻（即导销和刀刃为一体）制窝。

**4. 施　铆**

（1）无头铆钉的铆接

① 铆钉长度按如下公式选取（见图 4.34）：

$$L = \sum \delta + 2d \qquad (4.8)$$

式中：$L$——无头铆钉的长度；

$\sum \delta$——被连接件的总厚度；

$d$——无头铆钉直径。

② 无头铆钉的铆接最好用自动钻铆机，在自动钻铆机上完成由制孔到铣平镦头以及产品移位等全部工序。

③ 利用铆钉伸出夹层的量，可以控制铆接干涉量的大小，铆钉伸出量大，所获得的干涉量大，反之干涉量小。

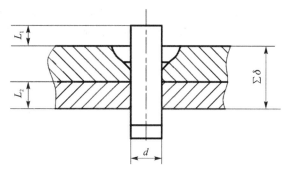

图 4.34　无头螺钉长度选取示意图

④ 铆接前，选取与产品相同的材料和厚度尺寸做试片，进行试铆接，并测出试件的干涉量，如果符合要求，则应锁定设备及各种铆接工艺参数，再铆接产品。

（2）普通铆钉干涉配合铆接

① 铆钉长度的选择

a. 沉镦头形铆钉长度如图 4.35 所示，按如下公式计算：

$$L = \sum \delta + (1.0 \sim 1.1)d \qquad (4.9)$$

b. 平锥镦头形铆钉长度如图 4.36 所示，按如下公式计算：

$$L = \sum \delta + (1.1 \sim 1.2)d \qquad (4.10)$$

式中：$L$——铆钉长度；

$\sum \delta$——铆接件夹层厚度；

$d$——铆钉直径。

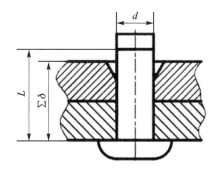

图 4.35　沉镦头形铆钉长度计算示意图

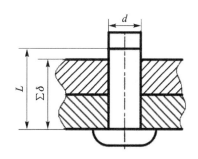

图 4.36　平锥镦头形铆钉长度计算示意图

所选取的铆钉长度应能填满镦头窝或保证镦头尺寸为原则,一般不宜过长,否则会影响干涉量。

② 铆接工艺方法

a. 优先采用单个压铆机进行压铆或用正铆法进行铆接。与普通铆接不同的是使用了专用的带有凹坑的冲头,沿钉杆抽线方向均匀地胀粗而产生干涉量,有窝孔时冲头上的凹坑又使窝孔得到充分的填充并产生一定的干涉量,从而获得了较为理想的密封性。与无头铆钉铆接不同之处在于干涉量的大小只能通过控制铆接力及镦头的大小来进行间接的控制。

b. 沉镦头普通铆钉干涉配合铆接,沉镦头的凸出部分,可用专用带限制器的铣刀铣平。

c. 铆接的干涉量需通过在相应的试片上进行检测。试片的材料、厚度,所用铆钉工具和工艺方法等参数应与产品相同,并要求试片随同产品一道施工。

(3) 冠头铆钉的铆接

因为铆头的形状,冠头铆钉常用于气密和油密部位。使铆接时与工具接触面积很小,力量集中在铆钉中心线附近,保证沿钉杆有较均匀的干涉量,且使沉头部分紧密的充填窝孔,具有较好的密封性。

① 冠头铆钉的长度选择与普通铆钉方法相同。

② 冠头铆钉铆接工艺方法:a.冠头铆钉铆接一律采用反铆法进行铆接;b.铆枪的功率和顶把的质量均应比普通铆接大一级;c.为使零件和铆钉头不受损伤,在平冲头与铆钉之间应垫上玻璃纸;d.允许单个压铆,不允许成组压铆;5.产品铆接所达到的干涉量,应作试片检查,其方法与普通铆钉干涉配合铆接检查方法相同。

**5. 干涉铆接的要领和注意事项**

➤ 制孔时注意保证垂直度精度和孔壁光滑并用孔量规检验。

➤ 锪窝为保证窝的尺寸,要使用锪窝限制器,并用窝的量规检验。

➤ 铆卡及铆枪必须按文件规定选用,以保证达到预定的干涉量要求。

➤ 对于冷冻铆钉,取出后必须在规定的时间内铆接。

➤ 铆接之前应做试片,试片及试验方法按有关文件规定。

➤ 冠头铆钉铆后冠头的顶面仍允许有不高于 0.2 mm 的凸起部分,以能见到一个圆圈为界。

➤ 需更换不合格的铆钉时,必须加大一级铆钉。

# 课后练习题

1. 特种铆接有哪几种?其方法与普通铆接的主要区别是什么?
2. 环槽铆钉技术要求有哪些?简述环槽铆钉铆接的工艺过程。
3. 拉丝型和鼓包型抽芯铆钉在结构上有何区别?
4. 简述拉丝型抽芯铆钉铆接的工艺过程。
5. 简述鼓包型抽芯铆钉铆接的工艺过程。
6. 简述抽芯铆钉分解方法。
7. 简述螺纹空心铆钉铆接的工艺过程。
8. 高抗剪铆钉有几种?简述铆接的工艺过程。

9. 钛合金铆钉铆接的特点是什么？

10. 什么叫干涉配台铆接？什么是相对干涉量？

11. 干涉配合铆接有几种？如何选择干涉量？

12. 冠头铆钉铆接的工艺过程是怎样的？

13. 冠头铆钉的制孔、制窝和铆接与普通铆钉的区别是什么？

14. 干涉配合铆接的要领和注意事项有哪些？

# 第 5 章　密封铆接

飞机在飞行过程中会遇到诸如高温、严寒、淋雨和日晒等恶劣情况,且由于飞机会随着飞行高度的增加,导致机舱内的气压降低,而机舱内的乘坐人员需要有跟地面接近的大气压,才会感觉舒适。因此,我们需要密封铆接,以防止气压下降,如果有一定的余压,也可以允许其发生少量的渗漏。而飞机机身和机翼的一部分形成的整体油箱(油箱分布如图 5.1 所示)也必须密封,因要保证不漏油,所以其属于绝对级密封。密封铆接是铆装钳工的重要技能,也是必须要掌握的技能,其主要包括铆接的工艺过程、技术要求、工艺方法及故障排除方法等。本章会进行详细介绍。

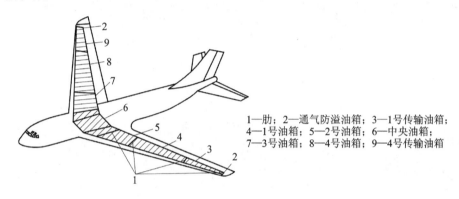

1—肋；2—通气防溢油箱；3—1号传输油箱；
4—1号油箱；5—2号油箱；6—中央油箱；
7—3号油箱；8—4号油箱；9—4号传输油箱

图 5.1　机翼整体油箱位置示意图

在密封铆接中,两零件间密封部位的接触表面称为贴合面。贴合面也是缝内密封处零件与密封剂接触的表面。一般情况下,贴合面结构密封泄漏的途径有沿着铆钉与孔径之间的配合缝隙泄漏以及两贴合零件间的缝隙泄漏,如图 5.2 所示。因此,切断气、油和水渗漏的途径就是密封铆接成功的核心和关键。

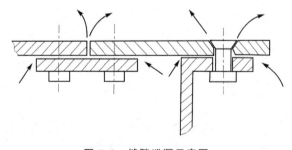

图 5.2　缝隙泄漏示意图

在飞机铆接连接中,需要采用密封铆接的部位有整体油箱、增压座舱和水上飞机水密结构等部位。密封铆接结构设计过程中(以整体油箱为例),需要满足以下条件:

> 保证密封性；
> 保证足够的强度和刚度；
> 便于检查、维修、拆装和清洗。

# 5.1　密封铆接的典型工艺流程

密封铆接是铆接按照用途来分的一种。密封铆接相对于普通铆接而言,其难度较高、环境要求严格、工序繁琐。相关人员在施工过程中,需要严格按照相关的技术要求和作业标准工作。

密封铆接一般的工艺过程如下:

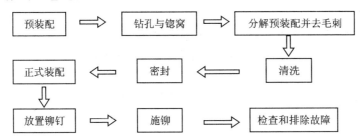

密封铆接工艺环境要求严格,需要满足以下条件:

(1) 在施工过程中,一般情况下,密封剂应保持在 15～30 ℃的环境温度内,相对湿度应保持在 40%～80%范围内。若有特殊的密封材料,则按照其规定要求保护。

(2) 工作环境应经常换气,保持清洁;

(3) 工作过程需要使用压缩的空气需要过滤掉油、水和其他杂质方可使用。

**1. 预装配**

预装配需要将装配零件和组合件按照产品设计和装配要求在装配夹具中完成相关操作,并对装配体进行一定的修合处理。

(1) 定位和夹紧方法应按照标准 HB/Z223.3 的相关规定进行操作。

(2) 相关零件的配合贴合面应平整且无面差。小于 0.5 mm 的面差,应修锉成光滑过渡的斜面。

(3) 贴合面间隙应小于或者等于 0.5 mm,当固定后应小于或等于 0.2 mm,个别位置可以允许不超过 0.3 mm 的间隙。

(4) 对于缝内密封,贴合面应放置于涂敷的密封剂厚度相等的中性材料(铝或者纸垫片,如图 5.3、图 5.4 所示)作为垫片;当密封剂厚度对孔位没影响时(例如锪窝零件的厚度大于锪窝的深度且外形为平面时),允许不加垫片。

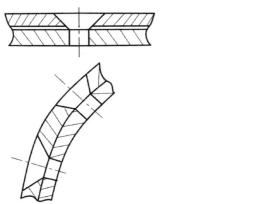

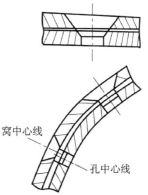

图 5.3　正确的修合处理(锪窝时有纸垫)　　图 5.4　不正确的修合处理(锪窝时未垫纸垫)

（5）禁止采用加垫片的方式来消除两零件贴合面的间隙。可以采用加压的方法使刚性弱和刚性强的零件相贴合。

（6）零件在夹紧过程中，应根据零件厚度和装配协调性确定零件夹紧间距，具体要求如表 5.1 所列。

表 5.1 零件夹紧间距

| 零件厚度 | 装夹间距 |
|---|---|
| 5～10 mm | 80～120 mm |
| >10 mm | 220～250 mm |
| 曲率较大或者带气动外缘的零件 | 80～100 mm |

**2. 钻孔、锪窝**

（1）应按照 HB/Z223.3 规定的技术和工艺要求进行钻孔、锪窝；

（2）所有结构（气密结构和油密结构）的密封铆接孔都应加工至最终尺寸，且将所有沉头窝加工完毕；

（3）允许在缝内涂敷密封剂后再进行扩孔和锪窝，用于加工其他用于定位、夹紧调整的孔，这些孔的间距应大于或者等于 300 mm。

**3. 分解预装配并去掉零件毛刺**

（1）按照与预装配相反的顺序分解零件和组合件，并依次摆放整齐。对于难以辨别且相互配合的零件，应作相应的标记，避免后续正式装配出现错误。

（2）将零件夹层中金属屑和杂物清理干净。

（3）清理所有孔边的毛刺，允许孔周边制成 0.05～0.15 mm 的倒角；为防止划伤孔窝表面，应使用非金属刮板清除镁合金孔边毛刺。

**4. 零件贴合面清洗**

（1）清洗要求

零件贴合面清洗的具体要求详见表 5.2。

表 5.2 零件贴合面清洗的具体要求

| 序 号 | 项 目 | 要 求 | 备 注 |
|---|---|---|---|
| 1 | 清洗剂 | 汽油、丙酮、乙酸乙酯 | 普通区域 |
| | | 三氯乙烷等不燃性清洗剂 | 危险区 |
| | | 汽油 | 密封腻子且涂 H06-2 或 XY-401 胶 |
| 2 | 清洗宽度 | 大于涂覆密封剂的宽度 | 密封剂宽度两侧各宽出 10 mm |
| 3 | 阳极化处理的铝合金零件 | 贴合面不能受污染 | |
| 4 | 贴合面底漆 | 应与密封剂相容，产品图样另有规定除外 | 不相容应清除 |
| 5 | 涂覆密封剂前的最后清洗 | 丙酮或乙酸乙酯白布重复更换擦拭至其上无可见的污色 | 清洗应距涂覆密封剂的时间介于 20～60 min 之间。清洗完后的紧固件，需在 8 h 内使用 |
| 6 | 清洗完后零件 | 防止再次污染，禁止用手触摸或在其附近做标记 | 用中性纸或者塑料薄膜贴合保护；放置环境也应清洁 |

（2）清洗方法

常用的清洗方法及操作要求详见表 5.3。

表 5.3　常用的清洗方法及操作要求

| 工序 | 方法 | 要求 | 备注 |
|---|---|---|---|
| 1 | 从瓶中倒出清洗剂,如图 5.5 所示 | 润湿抹布 | 不允许将抹布直接浸入瓶中 |
| 2 | 擦洗表面,如图 5.6 所示 | 沿同一方向擦拭 | 用干抹布沿同一方向擦拭已溶解污物的清洗剂,请勿令其自然干燥 |
| | | 擦拭过的表面若重新擦拭,应换新抹布 | |
| | | 禁止在结构表面喷洒或者刷涂清洗剂 | 喷洒或者涂刷易造成溢流,使油污溶解后扩散并渗透到缝隙内 |
| | | 油污过多的表面 | 先用抹布擦拭,再用汽油润湿抹布清洗 |
| | | 密封孔洞、下陷和小孔洞 | 合适的直径去污布条清洗,如图 5.6 所示 |
| | | 铆钉脱脂,采用清洗剂浸泡方法 | 更换清洗剂 1~2 次,先汽油后丙酮或乙酸乙酯,浸泡时长 30 min |

图 5.5　清洗剂清洗

图 5.6　擦洗表面要求

**5. 密封剂的涂敷**

密封剂按照硫化与否可分为硫化型密封剂密封胶、非硫化型密封剂密封腻子。

密封剂须具有如下工艺性:流淌性、堆砌性、可刮涂性、可注射性、可喷涂性、活性期、施工期、硫化期、储存期等。

密封材料种类如表 5.4 所列。

表 5.4　密封材料类型及牌号

| 分类 | 密封剂的牌号及名称 | 材料标准 |
|---|---|---|
| 密封胶 | XM15 聚硫型室温硫化密封剂 | HB5288 |
| | XM16 聚硫型室温硫化密封剂 | HB5289 |
| | XM22(XM22A、XM22B、XM22C、XM22D)室温硫化聚硫密封剂 | Q/6S87 |
| | XM23 室温硫化密封剂 | Q/6S38 |
| | XM28(XM28Ⅰ、XM28Ⅱ、XM28Ⅲ)室温硫化聚硫密封剂 | HB5359 |
| | XM31(XM31-1、XM31-5、XM31-6)双组份室温硫化密封剂 | Q/6S102 |
| | XM33(XM33-1、XM33-2、XM33-4、XM33-6)双组分室温硫化聚硫密封剂 | Q/6S217 |

续表 5.4

| 分 类 | 密封剂的牌号及名称 | 材料标准 |
|---|---|---|
| 胶膜 | XS-1(XS-1A)聚硫密封胶膜 | Q/XXY205 |
| | XM21(XM21A、XM21B)密封胶膜 | Q/6S92 |
| 密封腻子 | 1601 密封腻子 | HG6-494 |
| | 1601 密封腻子布 | HG6495. |
| | XM17 不硫化密封腻子 | Q/CX2-14 |
| | XM17 密封腻子布 | |
| | XM48 密封腻子 | Q/6S621 |
| | XM48 密封腻子布 | |

注间:密封胶选择时,有以下要求:

> 必须与金属有好的粘合力。

> 必须有耐老化性,要求与飞机同寿命。

> 在汽油和高温下仍有良好的密封性能。

> 密封胶不能有毒。

主要清洗剂如表5.5所列。

表 5.5　常用清洗剂种类

| 清洗剂 | 要　求 |
|---|---|
| 汽油(工业级) | RH-70 |
| 工业丙酮 | 技术要求 GB 6026 |
| 工业乙酸乙酯 | 技术要求 GB 3728 |

(1)涂密封胶方法

涂抹密封胶的具体操作要求见表5.6。

表 5.6　涂抹密封胶的操作要求

| 序　号 | 事　项 | 要　求 |
|---|---|---|
| 1 | 工具 | 刮刀、硬板刷、涂胶辊、齿形刮板或齿形刮棒 |
| 2 | 温度 | 施工环境在合适的温度;密封胶在活性期内 |
| 3 | 贴胶位置 | 贴合面尺寸铰小零件一侧 |
| 4 | 刮涂方式 | 同一方向顺着刮,禁止来回刮,涂胶层应是连续的、无气泡的 |
| 5 | 下陷、圆角过渡、空洞等特殊部位 | 加厚密封胶,在活性期内排除气泡后再组合 |
| 6 | 铆钉头周边 | 涂覆方式如图 5.7 所示,周边应有连续的密封胶挤出 |

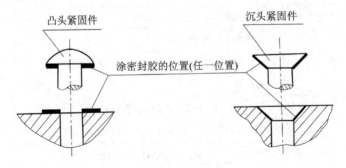

图 5.7　密封胶涂抹位置示意图

（2）胶膜敷设方法

胶膜敷设的具体操作要求见表 5.7。

表 5.7　胶膜敷设的操作要求

| 序　号 | 事　项 | 要　求 |
|---|---|---|
| 1 | 敷设位置 | 刚性较大、尺寸较小的零件上；胶膜宽度比贴合面每边宽度宽出约 2 mm |
| 2 | 敷设方法 | 顺着一个方向，敷设后胶膜要平整、不允许拉伸或者折叠，如图 5.8 所示。可用 1 kg 涂胶辊辊压一次 |
| 3 | 胶膜搭接 | 胶膜长度或者宽度不足时，应剪齐后搭接（用刀将胶膜切开，禁止使用手扯断胶膜），搭接尺寸为 3～8 mm（如图 5.8 所示），搭接处应与铆钉孔错开 |

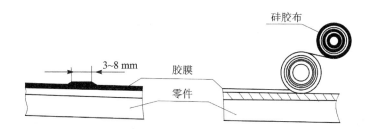

图 5.8　胶膜敷设过程

（3）腻子敷设方法

敷设前，通过腻子挤出器将腻子制成 2～3 mm 的腻子条。在蒙皮、板材的边缘铆缝部位，将腻子条敷设在骨架零件上。若腻子不易挤出，则可将腻子预热，但温度不超过 30 ℃。

（4）腻子布敷设方法

胶膜敷设的具体操作要求见表 5.8。

表 5.8　腻子布敷设的操作要求

| 序　号 | 事　项 | 要　求 |
|---|---|---|
| 1 | 敷设位置 | 用剪刀将其裁剪成所需形状尺寸，敷设在刚性较大或者骨架零件上 |
| 2 | 敷设宽度 | 比骨架零件贴合面的宽度大 1 mm，最小不能小于贴合面的宽度 |
| 3 | 敷设搭接 | 禁止搭接，但可在长度方向上无间隙对接。对接缝约为 30°斜角，且不能再钉孔，零件对缝和下陷处 |
| 4 | 敷设表面 | 紧贴在零件表面，不允许皱褶。若腻子布与骨架零件定位贴合不好时，可用 XY－401 胶将腻子布局部固定到骨架上 |
| 5 | 敷设后 | 保留腻子布垫布，不能立即重新装配。装配时取下 |

（5）铝箔敷设方法

敷设位置：蒙皮对缝、板材对缝与骨架对缝、骨架下陷的交错部位

敷设方法：用 XY－401 胶将铝箔粘贴在骨架上，按敷设腻子条或腻手布方法敷设腻子布或者腻子条，如图 5.9 所示。

（6）可拆卸贴合面密封剂涂覆方法

在可拆贴合面（可拆卸口盖、观察口板件）一侧涂隔离剂（滑石粉或可剥性涂层或薄层油脂

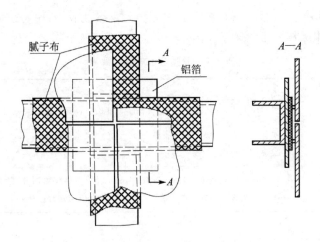

图 5.9　铝箔敷设方法

（棉纱擦涂）），另一侧涂覆密封剂，如图 5.10 所示。

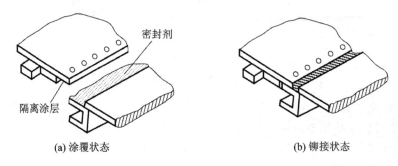

(a) 涂覆状态　　　　　(b) 铆接状态

图 5.10　可拆卸贴合面密封剂涂覆方法

（7）沟槽铺放密封材料方法

① 注胶方法：如图 5.11 所示。注胶应沿一个方向。顺序：2 孔开始注胶至 1 孔见胶，堵住 1 孔→继续 2 孔注胶至 3 孔见胶，用螺钉封闭 2 孔→通过 3 孔继续注胶至 4 孔见胶，封闭 3 孔，后面依次类推。

② 注射腻子方法：与注胶方法类似，注射 XM34 腻子压力约 4.41 MPa。

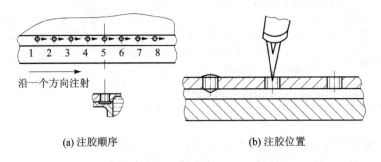

(a) 注胶顺序　　　　　(b) 注胶位置

图 5.11　沟槽铺放密封材料方法

（8）其他地方注胶方法

在结构下陷处，须一次连续完成注射密封胶：如图 5.12 所示，将注胶枪嘴放进下陷处注胶孔,注射至孔道出口见胶→堵住出口(提高腔内压力),继续注胶至内腔充满并向外多渗出 2～3 mm 为止(密封胶能充满腔内细小缝隙)→整形(整形工具剔除多余密封胶)。

(1)注胶孔注胶　　　(2)用下陷空隙作注胶孔的注胶　　　(3)整形

**图 5.12　结构下陷处注胶示意图**

(9)结构内腔的注胶方法

内腔底部开注胶孔(如图 5.13 所示),要求注胶孔位置不能出现如下情况:注胶通过注胶孔注射密封胶至溢胶孔出胶时因"窝气"而产生死角,此外须注意移出注胶枪时要边注胶边移出。

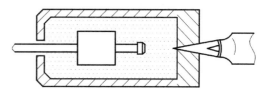

**图 5.13　结构内腔的注胶过程示意图**

**6. 正式装配**

(1)定位:优先选用胀套式定位销进行固定;定位销的数量须根据产品结构形式和装配件的协调性来选择;定位销间距一般以 150～200 mm 为宜。

(2)所有分解零件要重新装配夹紧后才可以铆接。

**7. 放置铆钉**

放置铆钉的具体操作要求见表 5.9。

**表 5.9　放置铆钉的操作要求**

| 序　号 | 项　目 | | 要　求 |
|---|---|---|---|
| 1 | 放铆前 | | 清洗铆钉或所需的连接件 |
| 2 | 定位 | | 用穿针通过铆孔找正零件位置。将所有零件重新组装并夹紧,要求零件不能松动 |
| 3 | 放铆 | 缝内已敷设密封带的铆孔 | 放铆前,须用穿针沿着放铆方向刺穿密封带。穿针要求如下:<br>① 与铆钉直径相同,且抛光;<br>② 可蘸水;<br>③ 若粘上腻子,须用丙酮润湿的抹布将腻子擦干净后再拔出 |
| | | 缝内涂有密封胶的铆孔 | 直接放铆后,为了保证墩头成型的质量,应擦去铆钉杆端头的胶 |

**8. 施　铆**

铆接的具体操作要求见表 5.10。

**表 5.10　铆接操作的要求**

| 序　号 | 项　目 | 要　求 |
|---|---|---|
| 1 | 施铆前 | 检查零件定位的正确性,方法为插入部分铆钉 |
| 2 | 定位 | 用穿针通过铆孔找正零件位置。将所有零件重新组装并夹紧,要求零件不能松动 |

| 序　号 | 项　目 | | 要　求 |
|---|---|---|---|
| 3 | 施铆 | 操作要求 | 优先采用压铆法和反铆法 |
| | | | 先轻轻点铆,再在靠近铆钉杆的零件表面上轻击,以零件夹层间的间隙 |
| | | | 断续施铆:禁止铆枪连击。连击会让墩头产生裂纹 |
| | | | 经常擦拭顶把和冲头,清除粘在其上的胶和腻子 |
| | | | 双排铆钉的铆接顺序如图 5.14 所示。先铆内排 3～4 个铆钉(图中 1～3 号铆钉),再铆外排 3～4 个铆钉(图中 4～6 号铆钉) |
| | | 其他要求 | 铆接过程中禁止钻孔 |
| | | | 若更换铆钉,则可用把扁錾把墩头錾去,冲出铆钉杆后,再涂胶铆接 |
| | | | 施铆须注意不要超出密封胶的施工期。若超过,则要更换新胶 |
| 4 | 清理铆缝 | | 清除多余的密封剂(密封带、胶膜、腻子和密封胶) |
| | | | 在施工期内的挤出胶,用刮刀按缝外涂胶要求制成倒角,并将多余的胶去掉 |
| | | | 擦净蒙皮表面和非边缘处余胶 |

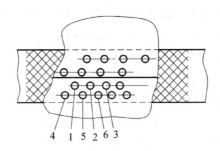

**图 5.14　双排铆钉的铆接顺序**

## 9. 排除故障

检查与排除故障的具体操作要求见表 5.11。

**表 5.11　常见故障形式及排除方法**

| 序　号 | 故障形式 | 排除方法 |
|---|---|---|
| 1 | 一般缺陷 | 采用紧定方法排除 |
| 2 | 更换铆钉 | 应在密封剂硫化后进行 |
| | | 铆用平錾錾去钉头或者墩头,然后用冲子轻敲出铆钉杆。禁止使用钻削方法 |
| | | 铆杆涂胶,清洗铆孔后,再施铆 |
| 3 | 加铆 | 应在密封剂硫化后进行扩孔或锪窝 |
| | | 加铆钉数量≤铆钉排总铆钉数量的 5% |

# 5.2　常见密封剂和密封形式

密封铆接分为以下几种形式：

➢ 缝内密封：在铆钉缝和零件缝之间刷密封胶，如图 5.15 所示；

➢ 缝外密封：铆接后，在铆缝外涂以密封胶；

➢ 表面密封：在密封区表面涂覆密封剂的方法；

➢ 紧固件密封：紧固件装纯铝套或者密封胶圈，如图 5.16 所示；

➢ 混合密封：同时采用两种或两种以上的密封形式的方法。

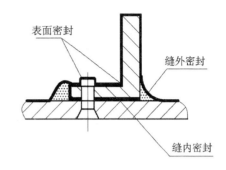

图 5.15　封胶涂覆密封法

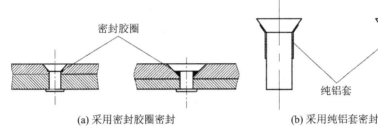

(a) 采用密封胶圈密封　　　　(b) 采用纯铝套密封

图 5.16　紧固件密封法

## 1. 缝内密封用密封剂的涂覆

涂覆方式和要点参见 5.1 节中介绍。

## 2. 缝外密封用密封剂的涂覆

缝外密封用密封剂的涂覆的操作要点见表 5.12。

表 5.12　缝外密封用密封剂的涂覆操作要点

| | |
|---|---|
| 涂覆要点 | 枪嘴角度：对准缝隙，且基本垂直注胶线路；枪嘴移动速度：让密封剂用量挤出速度与缝外密封最后尺寸相适应，如图 5.17(a) 所示 |
| | 禁止悬空枪嘴，且紧贴结构表面，如图 5.17(b) 所示 |
| | 为了让密封剂向缝隙内有一定挤压力，并使可能裹入的空气自动爆裂，枪嘴移动方向滞后于挤出的密封剂，如图 5.17(c) 所示 |
| 整形 | 密封剂应在活性期内 |
| | 整形手法：工具紧压结构表面并沿缝隙均匀、平行地移动 |
| | 密封剂成型要求：光滑、流线、尺寸正确 |
| | 整形禁止使用任何润滑方法 |
| | 工具上的密封剂用清洗剂湿润的纱布擦除 |
| 检查涂覆质量 | 在活性期内检查，对缺陷、气泡或有异物夹杂的部位，及时补胶或排除 |
| | 特殊情况下，可铲除并重新涂覆 |

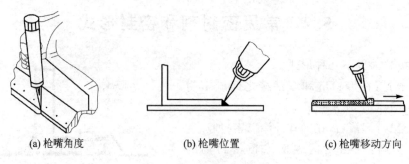

(a) 枪嘴角度　　　　　　　　(b) 枪嘴位置　　　　　　　　(c) 枪嘴移动方向

图 5.17　涂覆操作示意图

其他特殊缝外密封的操作要求见表 5.13。

表 5.13　其他特殊缝外密封的操作要求

| 序　号 | 项　目 | 要　求 |
|---|---|---|
| 1 | 尺寸较大的密封 | 分两次涂覆,第一次涂覆密封整形且达到不粘期后,涂覆第二道 |
| | | 仰面涂胶或垂直面涂胶时,防止密封剂流淌或变形,方法:密封剂用量适当 |
| 2 | 接缝、气动整流缝、不易保证密封胶涂覆尺寸的密封缝 | 胶缝两侧边缘贴隔离保护胶纸 |
| | | 涂胶刮平后将胶纸揭掉,铲除多余的密封胶 |
| 3 | 可拆的缝外密封 | 涂密封剂以前,在缝底部埋设细尼龙线(线头露在缝外密封剂的外面),以便拆除时撕开缝外密封剂 |
| | 空洞、嵌缝的堆胶,大的空洞和间隙的密封 | 配制流淌性小的密封剂 |
| | | 涂密封剂之前,先软质填料(如铝棉、海绵橡胶)填充深空隙或用密封剂浸渍后填充 |

**3. 表面密封用密封剂涂覆**

表面密封用密封剂涂覆的操作要求见表 5.14。

表 5.14　表面密封用密封剂涂覆的操作要求

| 序　号 | 项　目 | 要　求 |
|---|---|---|
| 1 | 清洗表面 | 已涂缝外密封剂和紧固件密封剂应达到硫化期后,才能清洗相关结构 |
| 2 | 稀释剂 | 应使已涂覆的胶层不产生龟裂、起皱和脱落 |
| 3 | 密封剂刷涂 | 依次在表面上进行,不允许大面积拉开涂胶,其余的按紧固件头部刷涂密封剂的要求进行 |
| 4 | 喷枪使用 | 喷枪嘴应距结构表面 80～100 mm,倾角 70°～80°,移动速度约 1.2 m/min。喷涂的密封剂应均匀、连续 |
| 5 | 灌胶口的封闭 | 密封剂灌入结构容积的 10%～15%,在专用摇摆架上晃动或翻转结构,使容积内所有表面浸涂一层密封剂,保持 10～20 min,倾倒出剩余的密封剂,通入干净无油的热空气(不高于 50 ℃),吹除溶剂 |

**4. 紧固件密封**

作用:通过在紧固件(铆钉、螺栓等)表面涂覆或者紧固件本身密封,达到防止紧固件与零件缝隙之间泄漏的目的。

原理:铆接配合为铆钉杆与钉孔之间比较均匀的干涉(过盈)配合能提高结构密封性,可消除钉杆与钉孔之间的环形缝隙。

# 5.3　密封剂的硫化

## 1. 密封剂的硫化

密封剂硫化的操作要求见表 5.15。

表 5.15　密封剂硫化的操作要求

| 序　号 | 项　目 | 要　求 | |
|---|---|---|---|
| 1 | 自然硫化 | 密封剂的硫化过程,是从混合配制后开始的。如无特殊要求,一般采用在室温下自然硫化 | |
| 2 | 加速硫化 | 须在密封剂不粘期后按各密封剂硫化规范进行。未规定的一般加速硫化温度不应超过50 ℃,处理时间为 24 h | |
| | | 允许结构硫化后重复加温硫化,重复次数以密封剂使用工艺说明书规定为准 | |
| | | 方法 | 提高环境(包括结构上)温度 |
| | | | 湿热空气在结构内部环流 |
| | | | 红外线加热结构和涂胶表面 |
| | | | 综合使用以上方法 |
| 3 | 其他 | 涂覆密封剂的结构件必须在高于 50 ℃温度中处理时,例如有机玻璃的回火,可以提高处理温度,但不得超过密封剂的工作温度 | |

## 2. 密封剂涂覆后的保护

密封剂涂覆保护的操作注意事项见表 5.16。

表 5.16　密封剂涂覆保护的操作注意事项

| 序　号 | 项　目 | 备　注 |
|---|---|---|
| 1 | 严禁在未达到不粘期的密封剂上方钻孔、铰孔等 | 如必须钻孔和铰孔,须用聚乙烯薄膜覆盖密封剂。密封剂不粘期后,可拆除该保护膜 |
| 2 | 严禁滥用溶剂和清洗剂 | 未硫化的密封剂上严禁使用溶剂和清洗剂 |
| | | 硫化的密封剂上涂覆含溶剂的涂料时,溶剂必须对底层密封剂无损害 |
| 3 | 严禁踩踏和重压已硫化的密封剂 | 若须踩踏,需对踩踏区作相应保护处理:<br>① 事先用吸尘器清理干净金属屑、污物等;<br>② 用海绵橡胶板或棉垫覆盖;<br>③ 工作人员应穿软底工作鞋和无扣衣服 |

# 5.4　密封检测

按设计要求,需通过一些试验对密封结构装配和密封工作完成的结构密封性进行检查。结构检查有如下几种情况:

> 气密舱密封检查；

> 整体油箱密封检查；

> 水密结构密封检查。

## 5.4.1 气密舱密封检查

### 1. 抗压试验

抗压试验的目的为检验结构的抗压强度，具体步骤见表 5.17。

**表 5.17 抗压试验的操作步骤**

| 序 号 | 项 目 | 要求或步骤 |
|---|---|---|
| 1 | 试验前准备 | ① 检查试验设备工作状态正常与否。<br>② 气密舱上的工艺孔或系统通孔，须用工艺堵盖封闭。<br>③ 关闭舱盖，锁闭牢靠，并套上防护网 |
| 2 | 试验步骤 | ① 密封气密舱：按一定的压力和充压速度向密封带充气；<br>② 向舱内充气：打开试验设备上气源开关，保持舱内压力为最大工作压力的 1.3～1.5 倍，保压 1～10 min 后，检查气密舱结构有无变形或其他异常现象，并做记录。<br>③ 卸掉舱内压力：按规定的降压速度或时间逐渐进行。<br>④ 排除故障后不再做试验。 |

### 2. 气密性试验

气密性试验的目的在于检查气密舱的密封性，查找渗漏的部位。气密性试验须在抗压试验完成后进行，具体步骤见表 5.18。

**表 5.18 气密性试验的操作步骤**

| 序 号 | 项 目 | 要求或步骤 |
|---|---|---|
| 1 | 试验前准备 | 与抗压试验相同，可以不罩防护网 |
| 2 | 试验步骤 | ① 密封气密舱：按一定的压力和充压速度向密封带充气；<br>② 向舱内充气：按规定的充气压力和充压速度想舱内充气至余压达到规定值，稳定 1～2 min 后，关闭向舱内充气的开关。<br>③ 察看舱内压降时间：满足设计要求时，则气密试验合格；若不满足，应进一步查找漏源，排除后再重做试验直至合格为止。 |

## 5.4.2 整体油箱密封检查

### 1. 气密性试验

所密性实验的目的在于检查油箱的气密性，也是油箱油密试验的基础，具体步骤见表 5.19。

**表 5.19 整体油箱气密性试验的操作步骤**

| 序 号 | 项 目 | 要求或步骤 |
|---|---|---|
| 1 | 试验前准备 | 装配全部完工，密封剂已完全硫化，油箱内表面擦洗干净。 |
| | | 工艺孔或系统通孔，须用工艺堵盖封闭。 |
| | | 油箱外表面渗漏可疑处(孔、铆钉、螺栓、对缝等)涂上中性肥皂水。 |

| 序　号 | 项　目 | 要求或步骤 |
|---|---|---|
| 2 | 试验步骤 | ① 油箱充气:接通试验设备,按产品技术要求规定的压力充气。余压达到规定值后,关闭充气开关。<br>② 观察压力:持续一定时间后,压力不变,则气密试验合格;若压力发生变化,则查找漏源,排除故障重新试验,直至合格 |

**2. 无压油密试验**

无压油密试验的目的在于检查油箱承受油压的油密封性,具体步骤见表 5.20。

**表 5.20　无压油密试验的操作步骤**

| 序　号 | 项　目 | 要求或步骤 |
|---|---|---|
| 1 | 试验前准备 | 气密性试验合格后可进行该实验 |
| 2 | 试验步骤 | ①油箱外表面涂白垩水并冻干<br>② 向油箱内注满煤油,停放一定时间<br>③ 判定:检查渗油、漏油情况。当白垩粉无显湿现象发生,判定合格;若白垩粉有显湿现象,则判定为不合格,须排除故障,排除后须重做气密试验和无压油密试验 |

**3. 充压油密试验**

充压油密试验的目的在于检查油箱在使用状态下的密封性,具体步骤见表 5.21。

**表 5.21　充压油密试验的操作步骤**

| 序　号 | 项　目 | 要求或步骤 |
|---|---|---|
| 1 | 试验前准备 | 气密性试验和无压油密试验合格后可进行该实验 |
| 2 | 试验步骤 | ① 无压油密试验合格后,放掉20%的煤油<br>② 接通试验设备,向油箱内充气,当压力达到一定时,并保持一定时间<br>③ 判定:检查渗油、漏油情况。若有渗漏应排除故障,须重做气密、无压油密和有压油密试验,直到合格 |

**4. 振动试验**

振动试验的目的在于检查油箱振动对其密封性的影响,具体步骤见表 5.22。

**表 5.22　振动试验的操作步骤**

| 序　号 | 项　目 | 要求或步骤 |
|---|---|---|
| 1 | 试验前准备 | 试验在气密性试验、油密试验后进行 |
| 2 | 试验步骤 | ① 固定油箱:用工艺堵盖封闭工艺孔或系统通孔,将油箱安装在振动试验台上(如图5.18所示)。<br>② 加载振动:向油箱内注入煤油,按产品规定的振幅、振动频率、振动时间分级加载。<br>③ 判定:涂白垩粉检查渗漏情况,当白垩粉无显湿现象发生,判定合格;若白垩粉有显湿现象,则判定为不合格,须排除故障,并按上述各种试验方法重复各项有关试验。 |

#### 5. 整体油箱的清洗和清洁度检查

整体油箱内部可能留有污物、油脂、切屑和胶末等杂质，会影响飞机使用安全。因此，须对整体油箱进行清洁，常用方法有擦洗、冲洗和摇摆清洗三种方法。飞机的型号不同，其清洁度技术要求也不同。三种清洗方法及清洁度判断如表 5.23 所列。

图 5.18　油箱整体振动台

表 5.23　清洗方法及要求

| 清洗方法 | 清洗时间 | 清洗要求和方法 | 清洁度检查 |
|---|---|---|---|
| 擦洗法 | 装配工序间进行 | 清除油箱内多余胶膜(在安装可卸壁板及工艺口盖之前)→用吸尘器清除油箱内较大的多余物→用麂皮、白细布蘸煤油或丙酮擦洗干净油箱内部 | ① 多余物检查：目视检查油箱内各处，严禁有多余物。用反光镜检查角落、缝隙等隐蔽区域；<br>② 油箱壁杂物附着检查：用新的白细布擦拭检查油箱壁，布没有变色时，油且无杂物附着，认为擦洗合格 |
| 冲洗法 | 气密性试验、油密试验合格进行 | 向油箱注满清洁燃油→油箱中的燃油通过油滤器全部放出(可用已过滤的清洁压缩空气向油箱增压，加速放油)→反复注油、放油，同时目视检查油滤网上有无杂物 | ① 先检查油滤网上杂质的颗粒直径及纤维长度是否技术条件的要求。<br>② 再收集全部杂质，装入医用注射器内，挤出燃油，测量杂质的总体积 |
| 摇摆清洗法 | 密封性检查合格后进行 | 油箱固定：固定在专用的清洗台上(可使油箱做纵向和横向摆动)→储油罐和油箱构成循环油路：从储油罐中向油箱注油，然后油箱不断摆动，燃油冲洗油箱，接着经过油滤网回到油罐(如图 5.19 所示) | 更换清洗时的回油滤网，确保油滤上无杂质无污染，然后按上述方法对油箱按规定的时间清洗，检查油滤网上的杂质 |

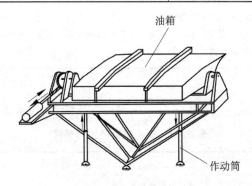

图 5.19　整体油箱摇摆清洗示意图

## 5.4.3　水密结构的密封试验

#### 1. 浸水试验

水上飞机的密封舱船身部分需要进行浸水试验，以检查其水密性程度。试验分机身初装后的浸水试验和飞行浸水试验两个阶段。试验具体要求和步骤如表 5.24 所列。

表 5.24　浸水试验步骤及要求

| 试验阶段 | 要求或步骤 |
| --- | --- |
| 机身初装后的浸水试验 | ① 机身放置在支撑架上：放置前，所有的工艺孔、结构孔用工艺堵盖堵住 |
| | ② 注水：每个机舱依次分别注水至深度达到吃水线 |
| | ③ 检查漏水量：不满足要求需排除故障，排除后继续试验直到合格 |
| | ④ 试验后清理：清除机内积水，擦拭干净飞机表面 |
| 飞行浸水试验 | 首次下水的水上飞机，应检查船身部分的进水情况 |
| | 至少在正常总重状态下的 10 个起落后，使飞机舱身停留在水中 1 h，要求每个水密舱吃水线以下部位的进水量小于等于总排水量的 0.005% |

## 2. 淋雨试验

(1) 目的：检查有水密要求的部位（如舱门、窗口、特设舱口盖）的水密程度。

(2) 试验场地：有人工降雨模拟装置的专门场地上进行。

(3) 试验方法：具体方法见表 5.25。

表 5.25　淋雨试验步骤及要求

| 序　号 | 项　目 | 要求或步骤 |
| --- | --- | --- |
| 1 | 试验前准备 | 拆除怕潮的装置和怕湿的结构，不便拆除的用防水布加以保护 |
| | | 检查漏水的工作人员进入座舱，关闭所有门窗，安装所有口盖 |
| | | 座舱内按设计技术条件增压 |
| 2 | 试验步骤 | 按规定的淋雨时间和水流速度，向需作淋雨试验的部位喷水 |
| | | 目视检查有无漏水现象和排漏水系统是否通畅 |
| | | 淋雨时允许用密封腻子堵漏，淋雨后用规定的密封材料排故 |
| | | 排故后还须重做淋雨试验，直至合格为止 |
| | | 试验结束后用棉纱或抹布擦拭飞机表面并清理可打开部位的积水 |

淋雨试验装置示意如图 5.20 所示。

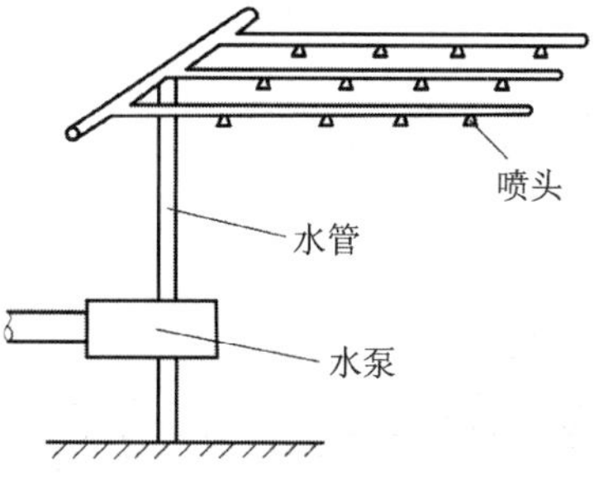


图 5.20　淋雨试验装置示意图

## 5.4.4 密封结构渗漏的排除

**1. 渗漏的原因**

结构密封性能受以下情况影响：

➤ 选用的密封剂；

➤ 所设计的结构形式；

➤ 结构的刚度；

➤ 密封缝隙的尺寸大小和形状以及施工方法。

在施工中应尽量减少接缝的宽度，例如适当增加结合面的紧固力或提高被连接件的平整度，控制钉与孔间的配合公差等。其他造成渗漏的原因如表 5.25 所列。

**表 5.25 造成渗漏的原因及结果**

| 原　因 | 造成的结果 |
|---|---|
| 密封面清洗不彻底 | 表面残存蜡、油脂、灰尘、杂物、金属屑等 |
| 密封面准备不正确 | 底漆黏结不良，阳极氧化层陈化 |
| 密封剂调制不当或储存超期、密封性能下降和施工不佳等 | 密封失效 |
| 实施密封工序的操作不正确 | 密封层有空穴、针眼、间隙或虚涂分层等 |
| 紧固件松动 | 密封剂脱胶、开裂 |
| 密封剂在沟槽或下陷处未充满 | 通道内留有空间，造成无效密封 |
| 密封剂未按规定保护 | 造成压伤变形、刺穿、磨胶、剥落等引起渗漏 |

**2. 渗漏排除方法**

渗漏排除的一般要求如下：

➤ 查漏源：分析任何渗漏原因。

➤ 密封剂相容：修理用的密封剂必须同旧密封剂相容。

➤ 保护结构不受伤：铲除失效密封层时，不应损伤结构。结构表面的氧化膜损伤时，应用冷氧化液处理后再进行密封。

缝内密封渗漏的修理要点如下：

➤ 渗漏范围不大：在贴合面密封可能渗漏的位置，增加铺设缝外密封胶，使损坏的贴合面密封层与密封介质隔离（如图 5.21 所示）。

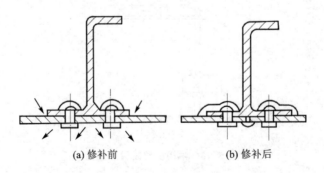

(a) 修补前　　　　　　　　(b) 修补后

**图 5.21 轻微渗漏的修补**

➤ 缝内密封渗漏较大:须分解已密封的结构,清洗贴合面,重新密封。分解的方法和步骤如表 5.26 所列。

**表 5.26　已密封分解的方法和步骤**

| 步　　骤 | 方　　法 |
|---|---|
| 清除缝外密封胶 | 用刀将原密封剂切至距零件表面约 3 mm。用浸泡过脱胶剂的白布或脱脂棉覆盖在密封胶上,待胶起皱后将其清除 |
| 分解紧固件 | 分解铆钉:可钻掉铆钉头,冲出钉杆;<br>分解螺栓:先拧下螺母→用脱胶剂溶解螺栓孔和结合面上的密封剂→打出螺栓 |
| 分解零件 | 用刮刀分解零件 |
| 密封胶清除 | 用脱胶剂清除干净密封胶。结合面可以有密封剂的斑点状痕迹 |

➤ 采注射 XM34 密封腻子的沟槽密封形式的油箱渗漏:在载油情况下,用高压注射枪装新 XM34 腻子的直接注射,至泄漏段的旧 XM34 腻子从沟槽中挤出,油箱即可使用。
➤ 结构下陷处的渗漏:用钩状铁丝或小的切割工具,清除旧密封剂,将残胶清理干净,然后重新注射密封剂。

**3. 缝外密封渗漏的修理要点**

对于尺寸不够的缝外密封剂表面:进行清洗,补涂密封剂并重新整形。

对于局部密封不良的部位:

➤ 如果密封层黏结良好,可以只进行局部切割清除,然后补涂密封剂,并将其与原密封剂搭接处加以整形。
➤ 如果密封层的黏结不良,未粘在密封面上,则用锋利的塑料或硬木工具清除密封不良的密封剂,直到露出结构金属表面,两端的密封剂应切成斜面,涂覆密封剂使新旧密封剂连续搭接,整形应光滑,避免截面突然改变,如图 5.22 所示。

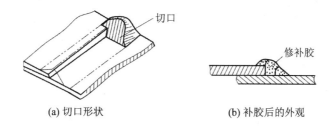

(a) 切口形状　　　　　　(b) 补胶后的外观

**图 5.22　缝外密封剂清除修补的形状**

**4. 紧固件密封修理要点**

(1) 不严重渗漏:使用专用压胶工具,由结构外侧钉孔周围注射密封剂。压注工具可采用铆压注胶式或螺旋注胶式。具体方法如下:

铆压注胶式排漏方法:①用浸有清洗剂的纱布清除钉周围的漆层和清洁注胶结构表面;②压胶工具内腔加满 A 类密封剂;③活塞冲杆端部插入铆枪;④压胶工具上的 O 形密封圈罩住漏钉,压紧后密封圈罩,要求工具始终垂直于结构表面;⑤用铆枪锤铆活塞冲杆,连续压注几分钟(如图 5.23 所示)。

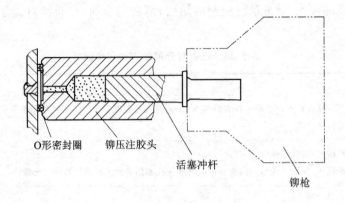

O形密封圈　铆压注胶头　活塞冲杆　铆枪

**图 5.23　铆压注胶示意图**

　　螺旋注胶式排漏方法:①清洗剂润湿的纱布清除漏钉周围的漆层、清洁表面和注胶工具底座表面;②棉球棍浸快速冷固化胶液(如 a-氰基丙烯酸胶液)薄涂在底座结合面;③以漏钉为中心将注胶工具底座压在结构表面上,经数十秒钟后松手,等胶液固化(如图 5.24 所示);④注胶工具放气口螺钉拧松到只剩一扣即可取下的位置,由加胶口注入铰稀的密封剂,直到放气口溢出密封剂为止(如图 5.25 所示);⑤拧紧注胶口和放气口螺钉,以 49 N·cm 的力矩拧紧压力螺栓,并保持 5 min(如图 5.26 所示);⑥用木锤轻敲底座的侧面,取下注胶工具(如图 5.27所示),清除漏钉周围多余的密封剂。

**图 5.24　螺旋注胶工具的安装**

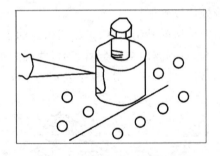

**图 5.25　想压胶工具注密封剂量**

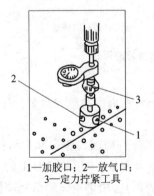

1—加胶口;2—放气口;
3—定力拧紧工具

**图 5.26　螺栓注胶示意图**

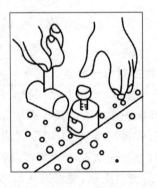

**图 5.27　取下注胶工具**

（2）紧固件端头注胶密封渗漏：清除包裹紧固件的密封剂层，使紧固件与结构金属表面完全露出（粘牢在紧固件上少量密封剂可不除去），重新密封。

（3）密封罩密封渗漏：用切割工具切开罩盖下部及周边，与结构完全分离，用钳子取下密封罩，切除紧固件上剩余密封剂，重新密封。

**5．注射排漏法**

当结合零件的剩余强度较大、漏源清楚而且集中部位少时，可采用注射排漏法。方法如下：

（1）在渗漏部位钻孔。

（2）清洗后往孔内注射密封胶。

# 5.5　密封铆接的环境要求和安全操作要领

**1．环境控制**

（1）施工的环境温度：15～30 ℃，空气相对湿度：40％～80％。

（2）工作间应清洁。

（3）所用的压缩空气应经过过滤处理，不含油、水和其他杂质。

（4）施工人员的工作服、手套及工具等不准有油脂和纤维附着。

**2．安全措施**

（1）防止施工人员吸入过量有机溶剂蒸气，故施工现场（特别是在狭小空间施工时），必须有通风、排气设施。

（2）施工现场附近应备有肥皂、去污粉及洗涤设施。

（3）施工人员应戴手套接触有机溶剂、密封剂。粘在皮肤上的密封剂，应及时擦掉并用水冲洗。有机溶剂及有害物质溅入眼、口腔时，应立即用水冲洗。

（4）工作后离开现场应更换工作服，将手洗净。

（5）施工现场应严禁烟火，必须配备干粉灭火器、灭火砂箱等消防器具。

（6）浸有机溶剂的废弃抹布和密封剂，必须分别投入专用容器中。

# 5.6　密封铆接的质量分析与改进方法

密封铆接常见的缺陷及排除方法见表 5.27。

**表 5.27　已密封分解的方法和步骤**

| 序　号 | 缺陷内容 | 缺陷图示 | 缺陷产生原因 | 排除方法 |
|---|---|---|---|---|
| 1 | 定位压紧后胶液被挤出而贫胶或漏胶 | | 1.胶液太稀；<br>2.定位压紧力过大 | 1.松开附近定位销；<br>2.将零件轻轻撬开间隙，进行压注；<br>3.重新固定，一般压紧力 2 MPa |

| 序　号 | 缺陷内容 | 缺陷图示 | 缺陷产生原因 | 排除方法 |
|---|---|---|---|---|
| 2 | 铆钉在组合工件之间镦粗,结合件产生间隙 |  | 1. 两工件间隙过大;<br>2. 铆接时压紧力小或涂胶层过厚 | 1.分解铆钉,清理钉孔;<br>2.扩孔加大一级铆钉;<br>3.加力压紧;<br>4.铆钉沾胶铆接 |
| 3 | 沉头铆钉头有间隙 | 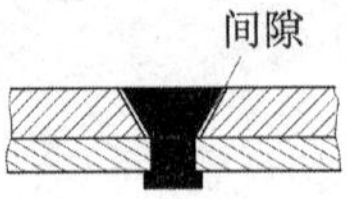 间隙 | 1. 沉头窝角度过大;<br>2. 沉头窝惚深;<br>3. 铆钉直径选错 | 1.分解铆钉;<br>2.扩孔加大一级铆钉;<br>3.铆钉涂胶铆接 |
| 4 | 缝外密封局部有缺口 | 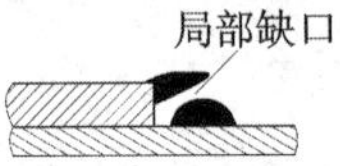 局部缺口 | 1. 涂胶未涂到;<br>2. 未按规程涂胶 | 1.用力切掉缺陷部分;<br>2.清理干净;<br>3.清洗;<br>4.补胶:补胶面要大于切削面,并与原胶搭接 |
| 5 | 呈现针状砂眼 | 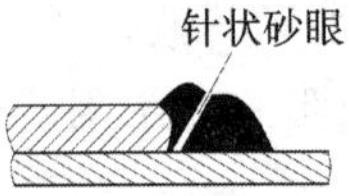 针状砂眼 | 1. 胶液过浓;<br>2. 涂胶方法不当 | 排除方法同上 |
| 6 | 胶缝产生气泡 | 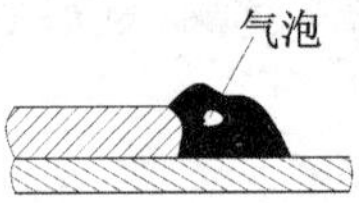 气泡 | 涂胶速度过快或往复刮涂 | 排除方法同上 |
| 7 | 缝外涂胶尺寸过小 | 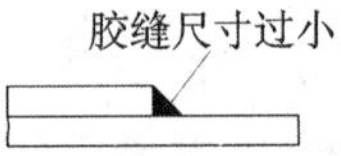 胶缝尺寸过小 | 未按技术条件要求涂胶 | 按涂胶前清洗方法洗净涂胶缝表面,然后补胶 |

# 课后练习题

1. 飞机铆接连接过程中,需要采用密封铆接的部位有哪些?密封铆接在设计过程中,需要满足哪些条件?
2. 密封铆接典型工艺过程包括哪些步骤?
3. 密封铆接的形式有哪几种?
4. 密封铆接施铆的工艺要求是什么?
5. 紧固件密封的作用和原理是什么?
6. 密封结构的密封性检查主要包括哪几种情况?并分别简述其工艺过程。
7. 整体油箱密封检查的实验项目包括哪些?每个项目的目的是什么?
8. 造成密封结构渗漏的原因有哪些?
9. 密封铆接常见的缺陷及缺陷产生的原因有哪些?
10. 简述密封铆接和普通铆接的区别。

# 第 6 章　螺栓连接

## 6.1　螺栓连接的典型工艺流程

飞机螺栓连接工艺一般包括普通螺栓连接、托板螺母连接、高锁螺栓连接、锥形螺栓连接等形式。典型装配工艺流程包括零件的定位及夹紧,制孔锪窝、倒角倒圆、螺栓的安装等。

### 6.1.1　零件的定位及夹紧

**1. 定位销**

(1) 特点:夹紧力小、装拆方便。

(2) 适用范围:螺栓直径≤6 mm,夹层厚度≤5 mm。

(3) 使用方法:

① 安装工序:在零件钻孔后实施夹紧。

② 安装位置:螺栓初孔,也可以是加工到最后尺寸的孔。

③ 安装数量:数量取决于零件尺寸、形状和刚度。一般每隔1~5 个孔装一个,必要时可以每个孔装一个。

**2. 工艺螺栓**

(1) 特点:装卸不方便、夹紧力较大。

(2) 适用范围:不受螺栓直径和连接夹层厚度限制,它是铰常用的夹紧方法。适用接头等大型零件的夹紧。最适用于螺栓安装工序周转时间长,且定位、制孔和安装螺栓不在同一工序进行的夹紧定位。

(3) 使用方法:

与定位销雷同。工艺螺栓可以用标准件、特制件、低精度的螺栓或螺钉或者图样上规定的螺栓。

**3. 型架压紧件**

(1) 特点:可靠性铰好。

(2) 适用范围:与型架定位件配合使用。

(3) 使用方法:

① 安装工序:零件制孔前实施夹紧。

② 安装位置:位置靠近螺栓孔,夹紧力的大小不应超过该处螺栓对零件所产生的压力。

③ 在型架内定位夹紧零件,架外安装螺栓时,可以在制初孔后装定位销或工艺螺栓。

④ 安装数量:夹紧的位置靠近螺栓孔,夹紧力的大小不应超过该处螺栓对零件所产生的压力。

**4. 弓形夹类**

弓形夹类压紧件包括普通弓形夹、夹紧钳、手虎钳等。

(1) 特点:夹紧力大,有振动,压紧件易松动。

(2) 适用范围:受弓臂限制。

(3) 使用方法:与型架压紧件类似。

## 6.1.2 制孔和锪窝

**1. 制孔**

(1) 螺栓孔位技术要求(见表 6.1)。

表 6.1 螺栓孔位的技术要求

| 项　目 | 技术要求 |
|---|---|
| 螺栓孔位确定 | 按产品图样上示出的螺栓位置确定。 |
| 螺栓孔边距、间距和排距的极限偏差 | ±1 mm。 |
| 螺栓孔的最小边距 | (1)按产品图样中的规定;<br>(2)当无明确规定时,螺栓孔的最小边距=螺栓直径的1.5~2倍。 |

(2) 普通螺栓与高锁螺栓孔的技术要求,如表 6.2 所列。

表 6.2 普通螺栓与高锁螺栓孔的技术要求

| 项　目 | | 技术要求 | | |
|---|---|---|---|---|
| 配合制 | | 基孔制 | | |
| 孔直径 | | 1. 孔径=螺栓直径:孔公差带<H11 时;<br>2. 孔径-螺栓直径≈0.2 mm:孔公差带为 H11,H12 时。 | | |
| 公差 | 等级 | 1. 孔公差等级低螺栓公差等级一级:螺栓公差等级≥IT8 时;<br>2. 孔公差等级=螺栓公差等级:螺栓公差等级<IT8 时;<br>3. 螺钉孔公差带=H12。 | | |
| | 圆度 | 在孔直径公差要求范围内。 | | |
| | 垂直度 | 孔垂直于安装螺栓头的贴合面,偏斜不大于 0.5°。 | | |
| 孔表面粗糙度 Ra 要求 | 材料 | 孔公差带 | | |
| | | H7 | H8、H9 | H12 |
| | 铝 | ≤1.6 | ≤1.6 | ≤6.3 |
| | 钢 | ≤0.8 | | |
| | 钢、铝混合 | 钢≤0.8<br>铝≤1.6 | | |
| | 30CrMnSiNiA | ≤0.8 | | ≤1.6 |
| | 7A04 | | | ≤3.2 |

| 项 目 | 技术要求 | | | |
|---|---|---|---|---|
| 表面划伤要求 | 伤深度≤0.04 mm,且尺寸 t 范围内禁止划伤,t 要求与 δ 大小有关)。 | 要求 | δ(孔径深度) | t |
| | | 环形划伤 | ≤16 mm | =0.1δ |
| | | | >16 mm | =1.6 mm |
| | | 螺旋形划伤 | ≤6.4 mm | =0.1δ |
| | | | >6.4 mm | 1.6 mm |
| | | 纵向划伤 | ≤6.4 mm | =0.25δ |
| | | | >6.4 mm | =1.6 mm 且划痕长度≤0.5δ |
| 外观要求 | 不能有锈蚀和毛刺现象 | | | |

(3)锥形螺栓孔的技术要求(见表 6.3)。

**表 6.3  锥形螺栓孔的技术要求**

| 项 目 | | 技术要求 |
|---|---|---|
| 公差 | 等 级 | 与锥形螺栓光杆的公差等级相同 |
| | 垂直度 | 孔应垂直于工件表面,且偏斜不大于 2° |
| | 锥 度 | ≤孔深的 1% |
| 表面粗糙度 Ra | | ≤Ra1.6 |
| 接触面积 | | 孔螺栓光杆接触面积≥孔表面的 60% |
| 外观要求 | | 与螺栓孔外观质量的相同、允许的轻微划伤 |

(4)孔加工工艺要求

螺栓孔加工有钻孔、扩孔、铰孔(包括手铰、风钻铰、机铰)和拉孔等方法。选用何种加工方法,与孔的精度、孔径大小、孔深、被加工件材料种类、夹层厚度和结构的开敞性有关,具体加工方法见表 6.4。

**表 6.4  孔的加工方法和工艺要求**

| 加工方法 | 公差带 | 表面粗糙度 Ra | 工具/设备 | 工艺特点 | | | 适用范围 |
|---|---|---|---|---|---|---|---|
| | | | | 操作性 | 效率 | 其 他 | |
| 钻孔 | H12 | 3.2~6.3 | 钻头、风钻、台钻等 | 简单 | 高 | 切削量大 | 公差带为 H12 或 H8/H9(初加工)的孔 |
| 用扩孔钻扩孔 | H11 | 1.6~3.2 | 扩孔钻、风钻、台钻等 | 简单 | 高 | 孔质量保证良好(带前导杆加工) | 公差带为 H11、H12 孔的加工;用作孔精加工前的加工(为了提高钻孔的精度和光度) |
| 手铰 | H7、H8、H9 | 0.8~1.6 | 铰刀、铰杠 | 灵活性强 | 低 | 要求工人技术水平高,质量不够稳定 | 适用于不开敞部位,可达性最好。孔不宜太深,一般在 30 mm 以下 |
| 风钻铰孔 | H9 | 0.8 | 铰刀、风钻 | 灵活性较强 | 高 | 要求工人技术水平高,质量不够稳定 | 结构比较开敞 10 mm 以下的薄件上直径小于 8 mm 的孔 |

| 加工方法 | | 公差带 | 表面粗糙度 Ra | 工具/设备 | 工艺特点 | | | 适用范围 |
|---|---|---|---|---|---|---|---|---|
| | | | | | 操作性 | 效率 | 其 他 | |
| 拉孔 | | H7、H8、H9 | 0.8～1.6 | 拉刀、拉削设备 | 简单 | 高 | 设备简单,移动方便。要求初孔垂直度高 | 适用于敞开部位。加工成排、成组孔优势明显。钢件或铝件上精加工直径在 20 mm 以下的孔 |
| 自动进给钻制孔 | 钻孔 | H12 | 3.2～6.3 | 自动进给风钻、钻头、扩孔钻、铰刀、镗刀 | 简单 | 高 | 能加工出高质量光洁孔、毛刺非常少、操作省力 | 可以与装配型架的钻模配合使用,适用于坚硬或者特种材料上制孔,孔径可达 76.2 mm |
| | 扩孔 | H11 | 1.6～3.2 | | | | | |
| | 铰孔 | H7、H8、H9 | 0.8～1.6 | | | | | |
| | 镗孔 | H6、H7、H8 | 0.18～1.6 | | | | | |
| 自动钻铆机制孔 | | H9、H10、H12 | 3.2 | 自动钻铆机 | 简单 | 高 | 设备昂贵 | 完成由两个元件组成的紧固件连接,如高锁螺栓连接的制孔、制窝及安装 |

(5)螺栓孔加工方法

1)制孔前的准备工作

① 学习掌握图样和技术文件的要求,如加工孔的孔径和公差(若为钻初孔,要了解扩、铰孔的余量)、工件的总厚度和金属材料性质等。

② 检查:

工件:间隙、孔边距。

夹具:制孔用的钻模、导具定位是否正确。

加工机器:定检的刀具或工具是否经过定检校验。钻机、刀具和量具等是否合格和合适。

③ 试件试加工:正式制孔前试加工,目的为检查工具、设备,以及熟悉加工过程和加工方法。

2)钻孔和扩孔的技术要点

① 钻孔垂直度保证。手工钻孔时,可以采用垂直钻套,直角尺和钻模等方法保证孔的垂直度(如图 6.1 所示)。若孔垂直度加工有问题,后面的扩、铰工序都难以纠正。

② 手工钻初孔的直径要求:钢件≤6 mm;铝合金件≤10 mm。

③ 手工钻孔钻速:由钻孔孔径、钻孔工具和工件材料决定。

④ 手工钻孔进给量:由施加在钻孔工具上的压力(压力大小要使钻头能保持连续切削)决定。压力过大,易使钻头弯曲或损坏,也会使孔表面质量超差;压力过小,钻头变钝,孔径尺寸易超差。

⑤ 用风钻按初孔扩孔:应尽量选用带前导杆的扩孔钻。

⑥ 用自动进给钻钻孔:应将其固定在钻模上(如图 6.2 所示)。在允许条件下建议使用润滑剂(保证孔的精度和表面粗糙度),然后只需更换制孔刀具便可以完成钻孔、扩孔、铰孔等操作。

⑦ 按钻模扩孔:用后引导(也可同时采用前、后引导)来提高刀具的稳定性。若钻模孔与

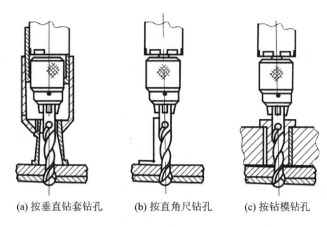

(a) 按垂直钻套钻孔　　(b) 按直角尺钻孔　　(c) 按钻模钻孔

图 6.1　保证转孔垂直度的方法

零件初孔不同心,则可以用钻头纠正后再扩孔,也可以直接采用不带前导杆的扩孔钻扩孔。

⑧ 带前、后引导的扩孔钻扩孔:适用于深孔或空心零件上的孔(要求孔同心)(如图 6.3 所示)。

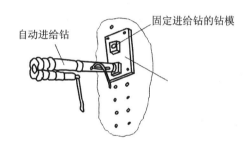

图 6.2　自动进给钻孔示意图

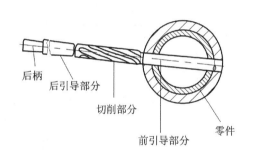

图 6.3　空心零件的扩孔

⑨ 构件的零件:由不同材料组成时,钻、扩应从材料铰硬面进刀;相同材料组成时,钻、扩应从材料铰厚面进刀。

3)手工铰孔方法及操作要点

① 手工铰孔操作过程(见表 6.5)

表 6.5　手工铰孔操作过程

| 操作步骤 | 要　点 |
|---|---|
| 铰刀插入初孔 | 刀上涂抹润滑液。 |
| 铰刀对正初孔 | 用钻模或导具对正,若无钻模或导具,对正后可用角度尺检查铰刀是否垂直于工件表面(如图 6.4 所示)。 |
| 铰刀向里铰孔 | 大拇指轻推铰刀尾部,旋转铰杠或棘轮扳手铰孔,同时边加工边加润滑剂。<br>铰深孔时,需常退刀排屑,退刀时仍要正转,不要反转,直至将孔铰完。 |
| 检查孔 | 检查孔的精度、粗糙度和垂直度 |

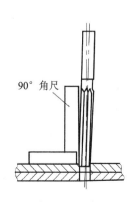

图 6.4　用 90°角尺检查铰刀垂直度

② 手工铰孔操作要点(见表 6.6)

表 6.6　手工铰孔操作要点

| 项　目 | 操作要点 |
|---|---|
| 工件装夹要正确 | 铰刀要与孔端面垂直;<br>薄壁零件的夹紧力不要过大,防止将孔夹变形。 |
| 保证孔的加工稳定性 | 两手用力要平衡,旋转铰杠的速度要均匀,铰刀不摇摆。避免在孔的进口处出现喇叭口或将孔径扩大。 |
| 保证孔精度及粗糙度 | 旋转铰杠进刀时,不要猛力压铰杠,应随着铰刀旋转均匀加力,以保证孔的精度和粗糙度。当孔快铰通时,不要让铰刀的校准部分完全通过孔,以免将孔壁拉伤。 |
| 消除铰刀振痕 | 注意变换铰刀每次停歇的位置,铰刀不能在同一处停歇。 |
| 卡刀故障排除 | 卡刀后应将铰刀取出,清除切屑,查清原因后涂上润滑油再继续铰孔。严禁强行铰孔,以防止铰刀折断而使孔径超差或报废。 |
| 铰刀绝不可反转 | 倒转会使刀口磨损,易划伤孔壁,退刀时一定要正转退出。 |
| 使用风钻铰孔时 | (1) 应根据所加工材料,合理选择转速和进给量,一般转速约为钻孔时的 1/3～1/2。<br>(2) 进刀方向掌握好,不摇摆,禁止中途停机或交替开、关风钻。孔铰通后,禁止风钻带着铰刀来回运动,以防止孔壁上留下刀痕及孔产生喇叭状或超差。 |

(6) 锥形孔的加工

锥形螺栓分组:根据工件的夹层厚度分组,锥形螺栓的基本直径为螺纹直径。

铰刀选择:需采用专用锥形铰刀,且与螺栓基本直径和组别相适应(如图 6.5 所示)。对于沉头锥形螺栓孔,锥形铰刀上应带有锪窝钻,在铰孔的同时锪出沉头窝。

制锥形孔的初孔:用圆柱钻头(比基本直径小 0.4 mm)制孔。

铰孔深度控制:用钻模或孔深限制器控制。

孔壁检查:可用直齿锥铰刀轻轻转动,光整孔壁。要求孔量规与孔表面接触痕迹达到 60%以上。

铰制锥孔,相关尺寸计算:

① 初始底孔直径 $d$(单位 mm):

$$d = D - 0.1 \tag{6.1}$$

式中:$D$—公称直径。铰孔时,应根据切削阻力的情况,不断取出铰刀,清除切屑,然后涂上润滑油再进行加工。

② 分段钻孔直径:当锥孔锥度较大时,为了铰孔省力,可将底孔钻成阶梯孔(如图 6.6 所示),阶梯孔的分段可视铰孔深度分成均等的几段,其各段钻孔直径按下式计算:

$$D_分 = knl + d \tag{6.2}$$

式中:$D_分$—各段的钻孔直径,最小直径除外( mm);

　　　$k$—锥孔的锥度;

　　　$n$—分段次数;

$d$—锥孔小端底孔直径( mm);

$l$—分段长度( mm)。

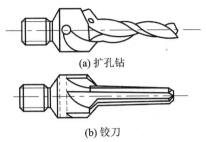

(a) 扩孔钻

(b) 铰刀

图 6.5　沉头锥形螺栓孔用的加工刀具

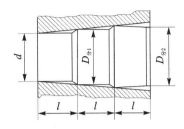

图 6.6　铰锥孔钻成阶梯孔示意图

管形工件上制锥度孔:管子两端面按锥度钻初孔,然后再铰孔,要注意两孔的同轴度。目前,可调铰刀主要用于加工修配、单件生产和特殊尺寸的铰孔,孔径范围在 6~54 mm。

(7) 切削用量的选择

切削用量一般视具体情况来定,主要与以下因素有关:被加工零件的材料和厚度、孔的直径大小和公差带、加工方法,以及操作者的技能水平。

① 扩孔切削用量。在加工直径较大的孔时,在钻孔后铰孔前应增加扩孔工序,扩孔切削用量,一般按表 6.7 选取。

表 6.7　手工铰孔操作要点

| 初孔直径 | | 6~10 | 10~20 | 20~35 | 35~50 | 50~70 |
|---|---|---|---|---|---|---|
| 每次扩孔量 | 不同心孔 | 0.5~1.0 | 0.5 | 0.5~1.0 | 0.5~1.5 | 0.5 |
| | 同心孔 | 1.0~1.5 | 1.5~2.5 | 0.5~1.0 | 0.5~1.0 | 0.5 |

② 手铰或者风钻铰孔的切削用量,如表 6.8 所列。

表 6.8　手工铰孔操作要点

| 螺栓直径 | 钻头钻孔直径 | | 扩孔钻扩孔直径 | 铰刀铰孔直径 | | | | |
|---|---|---|---|---|---|---|---|---|
| | | | | H7,H8 | | | H9,H11 | |
| | 第一次钻孔 | 第二次钻孔 | | 第1次(H9) | 第2次(H9) | 精铰孔径(H7,H8) | 第1次(H9) | 精铰孔径(H9,H11) |
| 3 | 2 | 2.7 | | 2.9 | 2.95 | 3 | 2.9 | 3 |
| 4 | 3 | 3.7 | | 3.9 | 3.95 | 4 | 3.9 | 4 |
| 5 | 4 | 4.7 | | 4.9 | 4.95 | 5 | 4.9 | 5 |
| 6 | 5 | 5.7 | | 5.9 | 5.95 | 6 | 5.9 | 6 |
| (7) | 6 | 6.7 | | 6.9 | 6.95 | 7 | 6.9 | 7 |
| 8 | 7 | 7.7 | 7.7 | 7.9 | 7.95 | 8 | 7.9 | 8 |
| (9) | 8 | 8.7 | 8.7 | 8.9 | 8.95 | 9 | 8.9 | 9 |

| 螺栓直径 | 钻头钻孔直径 | | 扩孔钻扩孔直径 | 铰刀铰孔直径 | | | | |
|---|---|---|---|---|---|---|---|---|
| | | | | H7,H8 | | | H9,H11 | |
| | 第一次钻孔 | 第二次钻孔 | | 第1次 (H9) | 第2次 (H9) | 精铰孔径 (H7,H8) | 第1次 (H9) | 精铰孔径 (H9,H11) |
| 10 | 9 | | 9.7 | 9.9 | 9.95 | 10 | 9.9 | 10 |
| 12 | 11 | | 11.7 | 11.9 | 11.95 | 12 | 11.9 | 12 |
| (13) | 12 | | 12.7 | 12.9 | 12.95 | 13 | 12.9 | 13 |
| 14 | 13 | | 13.7 | 13.9 | 13.95 | 14 | 13.9 | 14 |
| 16 | 15 | | 15.7 | 15.9 | 15.95 | 16 | 15.9 | 16 |
| 18 | 17 | | 17.7 | 17.9 | 17.95 | 18 | 17.9 | 18 |
| 20 | 18 | | 19.7 | 19.9 | 19.95 | 20 | 19.9 | 20 |
| 22 | 20 | | 21.7 | 21.9 | 21.95 | 22 | 21.9 | 22 |
| 24 | 22 | | 23.7 | 23.9 | 23.95 | 24 | 23.9 | 24 |
| 27 | 25 | | 26.7 | 26.9 | 26.95 | 27 | 26.9 | 27 |
| (33) | 16 | 31 | 32.7 | 32.9 | 32.95 | 33 | 32.9 | 33 |
| 36 | 20 | 34 | 35.7 | 35.9 | 35.95 | 36 | 35.9 | 36 |
| 39 | 20 | 37 | 38.7 | 38.9 | 38.95 | 39 | 38.9 | 39 |
| 42 | 25 | 40 | 41.7 | 41.9 | 41.95 | 42 | 41.9 | 42 |
| 45 | 25 | 43 | 44.7 | 44.9 | 44.95 | 45 | 44.9 | 45 |
| 48 | 25 | 46 | 47.7 | 47.9 | 47.95 | 48 | 47.9 | 48 |
| 50 | 25 | 48 | 49.7 | 49.9 | 49.95 | 50 | 49.9 | 50 |

（8）扩孔、铰孔过程切削液的选择（见表 6.9）

表 6.9　手工铰孔操作要点

| 工件材料 | 结构钢 | 铸钢 | 铜 | 黄铜 | 青铜 | 铝 | 硬铝 |
|---|---|---|---|---|---|---|---|
| 一般钻孔 | 皂[1]、乳[2] | 乳 | 干[3]、乳 | 干、乳 | 干、乳、煤[4] | 干、乳、煤 | 乳、煤 |
| 钻深孔 | 乳、混[6]$_1$ | | | | | | |
| 铰孔 | 皂、乳、混[6]$_1$、混$_2$[7] | 皂、乳 | 乳 | 干 | 乳、矿[5]矿、混[6]$_1$ | 乳、煤 | 乳、变压器油 |
| 拉孔 | 皂、乳、混$_2$ | 乳、混$_1$ | 乳 | 干、混$_1$ | 混$_1$ | 煤、变压器油 | 混$_1$、变压器油 |

其中：①皂—皂水溶液；②乳—乳化液；③干—不加切削液；④煤—煤油；⑤矿—矿物油；⑥混$_1$—混合油；矿物油和含脂肪酸；⑦—质量比：豆油/煤油＝3/2

（9）制孔缺陷的原因及解决措施（见表 6.10）

表 6.10　手工铰孔操作要点

| 常见缺陷 | 主要原因 | 解决措施 |
|---|---|---|
| 孔壁表面粗糙度不满足要求,出现粗糙沟纹 | 铰刀切削部分和修光刃部分表面粗糙 | 对问题表面进行精磨和研磨等 |
| | 存在磨损的铰刀刃口不锋利 | 刃磨刃口 |
| | 切削刃有过大的偏摆 | 对切削刃齿背进行修磨 |
| | 出屑槽内粘积过多切屑 | 随时退刀后,并清除切屑 |
| | 刃口有积屑瘤 | 用油石除去积削瘤 |
| | 切削刃与修光刃部分过渡处有尖棱 | 尖棱用油石研磨成圆滑的过渡切削刃 |
| | 铰孔余量过大 | 合理远择加工余量 |
| | 冷却切削液供应不足或选择不当 | 正确选用冷却液并保证冷却液足量 |
| | 采用前角 $\gamma = 0°$ 或负前角铰刀加工韧性材料 | 采用前角 $\gamma = 5° \sim 10°$ 的铰刀 |
| | 刀齿上有崩裂缺口 | 换刀或磨去缺口 |
| | 由退刀不当导致的孔壁划伤 | 采用正确的退刀方法 |
| 铰孔后,孔径扩大 | 铰刀修光刃部分的刃面径向跳动过大 | 修磨刃口 |
| | 选用了直径偏大的铰刀 | 铰孔前,选择合适直径的铰刀 |
| 铰孔后,孔径缩小 | 铰刀磨损,超过规定范围 | 换铰刀 |
| | 由于加工余量太大,退刀后钢件内孔弹性复原 | 采用适当的加工余量 |
| 孔的端部出现喇叭形 | 铰孔过程中刀具摆动或铰刀与孔不垂直 | 正确铰孔:扳动铰杠时,稳定好刀杆;采用有前导杆的铰刀 |
| | 钻套松动引起钻模铰孔时刀具松动 | 保证钻套与钻模板,钻套与铰刀的配合精度在规定范围 |
| | 不适当的切削锥角 | 采用适当的锥角角度 |
| | 刃带已磨损 | 刃带修磨 |
| 孔壁局部未铰到 | 孔划伤太深或者初孔为椭圆 | 提高扩孔质量,铰孔余量不能过小,应适当 |
| 孔壁出现梅花形棱角 | 加工方法不当或夹层厚度小 | 选用螺旋铰刀,并提高加工水平 |
| 孔中心线和零件表面不垂直 | 铰孔时铰刀不正;初孔本身不垂直 | 保证垂直度 |

## 2. 锪　窝

(1) 锪窝分类

锪窝一般包括沉头窝和端面窝,如图 6.7 所示:

(2) 锪窝加工方法

有正锪和反锪,如下图 6.8、6.9 所示:

(3) 锪窝工艺和技术要求如表 6.11 所示:

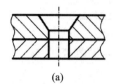 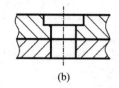 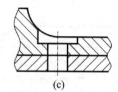

图 6.7　沉头窝和端面窝

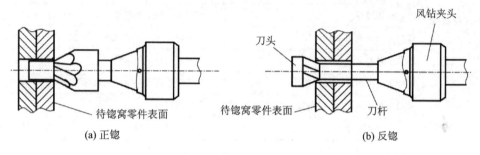

(a) 正锪　　　　　　　　　　　(b) 反锪

图 6.8　锪窝方式

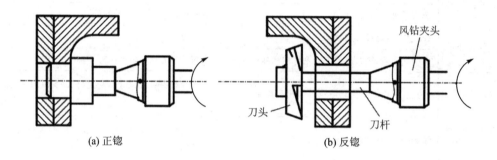

(a) 正锪　　　　　　　　　　　(b) 反锪

图 6.9　端面锪窝

表 6.11　锪窝的操作要点

| 项　目 | 操作要点 |
|---|---|
| 锪窝速度 | 约为钻孔速度的 1/3～1/2 倍。精锪窝要求如下:停机后利用钻轴的惯性来锪窝,这样可以减少振动提高表面的光滑性。 |
| 锪钻 | 装夹牢固,要工件压紧。锪钢件时,可添加一些机油给锪钻导柱和切削工件表面进行润滑。 |
| 锪粗糙度小于 1.6 μm 的孔 | 在孔径留有 0.2 μm 余量时锪窝加工。若余量不满足,可采用带球面形导杆的锪窝钻进行锪窝加工。 |
| 锪螺纹孔 | 为避免导杆碰伤螺纹,使用细导杆或带阶梯的导杆锪窝钻,可以避免导杆碰伤螺纹,如图所示。 |

续表 6.11

| 项　目 | 操作要点 |
|---|---|
| 反锪窝或反锪端面窝 | 钻应先接触被锪面并拉紧风钻,再开动扳机进行锪窝。 |
| 锪端面窝 | 锪平为止。若有深度要求,则应使用锪窝深度限制衬套来保证窝处的零件厚度大于或等于图样规定的最小厚度,如图所示。 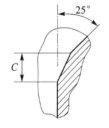 |
| 锪窝完毕,端面保护 | 按图样规定给端面涂防腐保护层。 |

## 6.1.3 倒角和倒圆

**1. 倒圆角的技术要求如表 6.12 所示。**

表 6.12 锪窝的操作要点

| 项　目 | 倒角或倒圆的位置 | | | | |
|---|---|---|---|---|---|
| 凸头螺栓、高锁螺栓用孔 | 靠紧固件头部的一侧,形状如图 6.10 所示,尺寸如表所示: | | | | |
| | 螺栓直径 | 4,5,6 | 8,10 | 12,14 | 16,18,20 | 22,24 |
| | 倒角 C | 0.5±0.3 | 0.8±0.3 | 1.0±0.5 | 1.5±0.5 | 2.0±0.5 |
| | 倒圆 R | $0.5^{+0.4}_{0}$ | $0.8^{+0.4}_{0}$ | $1.0^{+0.4}_{0}$ | $1.5^{+0.4}_{0}$ | $2.0^{+0.4}_{0}$ |
| 沉头螺栓、高锁螺栓用孔 | 与沉头窝交接处制倒角,如图 6.11 所示。 | | | | |
| 安装秃头锥形螺栓的孔 | 靠锥形螺栓头的一侧制倒角。 | | | | |
| 安装沉头锥形螺栓用的孔 | 与沉头窝的交接处制倒角。 | | | | |

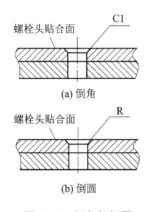

图 6.10 倒角与倒圆

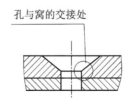

图 6.11 孔与沉头窝交接处的倒角

**2. 倒角与倒圆的工艺方法**

(1)倒角:采用倒角锪钻或使用直径大于孔径顶角为 2 倍的麻花钻头锪制。

(2)倒圆:采用倒圆锪钻倒圆。或用整体式锪钻,使锪窝与倒圆同时完成。

## 6.1.4　螺栓的安装

**1. 安装前准备工作**

（1）检查螺栓：按图样要求核对紧固件相关参数：牌号、规格和标记等。对于重要螺栓，还应检查是否标有炉批号，一般标记在螺栓上或合格证上。

（2）清洗螺栓孔及紧固件表面，并擦拭干净。

（3）对于高锁螺栓，安装前需测量夹层厚度，以确定高锁螺栓长度是否满足要求。

（4）对于锥形螺栓，安装前需测量夹层厚度。另需测量孔径，来选择确定螺栓组别和垫圈厚度。

（5）对于镁合金零件上的孔，孔内要求涂 H06-2 环氧锌黄底漆。

（6）对于螺栓、锥形螺栓、不带有十六醇的高锁螺栓的光杆部分，要求涂 ZL7-2 润滑脂。

（7）对于没有表面保护的铝合金结构上安装钛合金螺栓，要用十六醇润滑。如果螺栓为过盈配合安装，还应在螺栓头上涂密封剂。

（8）对于在钛合金结构上安装钛合金螺栓，要采用如二硫化钼等干膜润滑剂润滑。

**2. 螺栓安装技术要求**（见表 6.13）

表 6.13　螺栓安装技术要求

| 螺　栓 | 项　目 | 安装技术要求 |
|---|---|---|
| 螺栓 | 安装方向 | (1) 一般按飞机航向由前向后、由上向下、由左向右插入安装。<br>(2) 蒙皮表面的一字槽螺栓，其改锥槽的方向应顺航向安装。 |
| | 螺纹部分在夹层中的位置 | (1) 承受拉力的螺栓，其螺纹部分（包括螺纹收尾）在夹层中的长度不限。<br>(2) 承受剪力的螺栓，其螺纹部分（包括螺纹收尾）应尽量与夹层齐平，如图 6.12(a)、图 6.12(b)所示。允许螺栓光杆部分露出夹层的长度 L，如图 6.12(c)、图 6.12(d)所示，具体按有关技术条件要求执行。 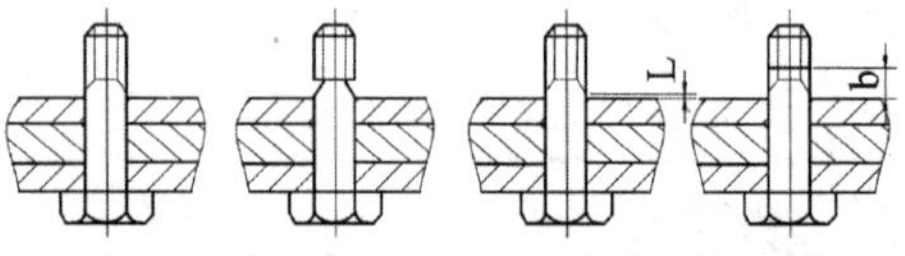<br><br>图 6.12　受剪螺栓螺纹露出夹层的位置 |
| | 螺纹旋入端露出螺母的数值 | (1) 不管有锁紧和无锁紧螺栓的螺纹旋入端（有倒角或无倒角）露出螺母的数值 H（如图 6.13所示），应尽可能小，但不得小于一个螺距。<br>(2) 对于打冲点防松的连接，端面打冲点露出螺母的螺栓部分的长度为 1~1.5 倍的螺距；侧面打冲点的应大于 1.5 倍的螺距。 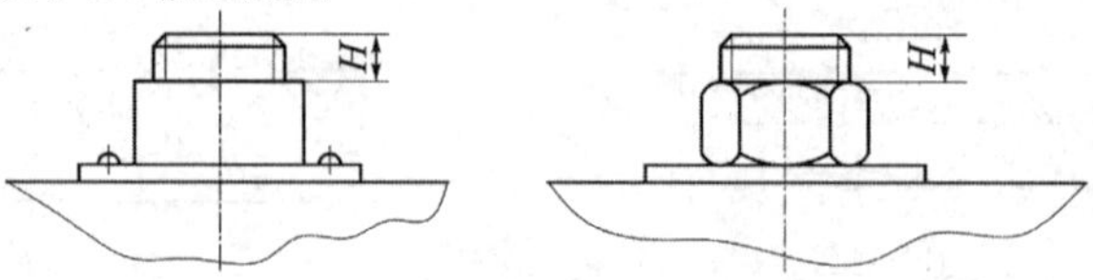<br><br>图 6.13　螺栓螺纹露出螺母位置 |
| | 单向间隙的产生 | 螺栓头、螺母与被连接件表面之间产生的单向间隙，要求按照有关技术条件执行。产生间隙的原因为：螺栓头支撑面与螺栓轴线不垂直、螺母支撑面与螺纹轴线不垂直以及螺栓孔本身不垂直。 |

| 螺 栓 | 项 目 | 安装技术要求 | | | | | |
|---|---|---|---|---|---|---|---|
| 高锁螺栓 | 光杆长度 | $\delta \leqslant L \leqslant \delta + 1.8$，其中 $L$ 为光杆长度（mm），$\delta$ 为结构夹层厚度。 | | | | | |
| | 螺栓杆相对夹层凸出量 | 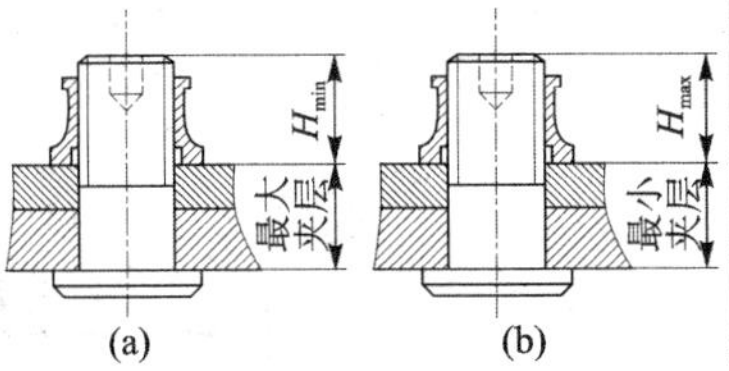 图 6.14 高锁螺栓杆露出夹层的位置 | | 螺栓直径 | 凸出量 $H_{min}$ | | 凸出量 $H'_{max}$ |
| | | | | 5 | 9 | | 11 |
| | | | | 6 | 10 | | 12 |
| | | | | 8 | 13 | | 15 |
| | | | | 10 | 16 | | 18 |
| | 定力扳手使用 | 装配完毕后，一般不再需要定力扳手进行定力拧紧 | | | | | |
| | 单向间隙 | 高锁螺栓头、螺母的支撑面与被连接件之间允许存在不大于 0.1 mm 的间隙 | | | | | |
| 锥形螺栓 | 螺栓头部凸出量 | 图 6.15 锥形螺栓的初装位置 | 基本直径 | 凸出量 $p$ | | 基本直径 | 凸出量 $p$ |
| | | | | 最小 | 最大 | | 最大 | 最小 |
| | | | 4.8 | 1.83 | 4.39 | 12.7 | 3.66 | 8.05 |
| | | | 6.4 | 2.18 | 5.13 | 14.3 | 4.01 | 8.79 |
| | | | 8.0 | 2.57 | 5.18 | 15.9 | 4.39 | 9.50 |
| | | | 9.5 | 2.92 | 6.58 | 19.0 | 5.13 | 10.97 |
| | | | 11.0 | 3.30 | 7.32 | | | |
| | 螺纹部分 | （包括螺纹收尾）不允许位于夹层中。 | | | | | |
| | 单向间隙 | 与被连接件的单向间隙按照公差等级 IT7 螺栓的安装要求执行。 | | | | | |

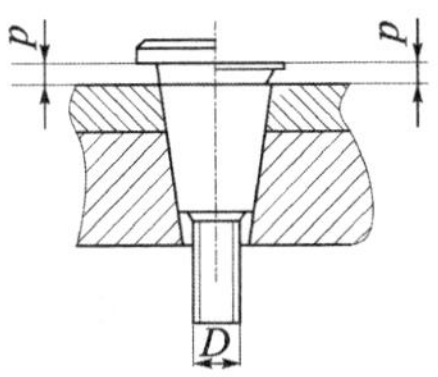

**3. 螺栓的安装**

（1）螺栓安装方法

① 螺栓应沿孔的轴线推入。螺栓与孔过盈配合时，可采用铜棒沿孔轴线方向敲打装入，注意防止偏斜。

② 螺栓在材料为 30CrMnSiNi2A 和 LC4 的零件上过盈配合安装时，可采用温差安装法（螺栓冷冻收缩法、对装配件的螺栓孔加热膨胀法）安装：采用冷冻收缩方法时，在装配前测量好螺栓直径，并且靠冷缩温度来控制冷缩后的实际尺寸，在极短的时间内（15s 内）将螺栓装入孔中；采用加热膨胀法时，需在孔壁上涂一层二硫化钼润滑脂，将孔按规定加热到一定温度，并保温一定时间后安装螺栓。

③ 夹层厚度会引起厚度误差，可以加垫圈来减小误差，具体要求按照相关技术文件执行。

④ 安装定力螺栓时，当扳手拧到螺母有力矩感时停止作业，然后用木锤或铝锤轻击螺栓，敲紧螺栓后继续装配作业。

⑤ 安装成组排列的螺栓时，安装顺序如下图 6.16、6.17 所示，要求：按一定间隔顺序反复拧紧（如图 6.16 所示）。若拧紧排列成封闭形状的多个螺栓时，应按对角线次序反复拧紧（如图 6.17 所示）。

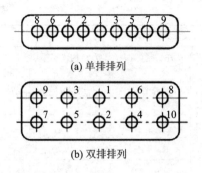

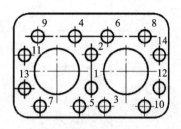

图 6.16　成组螺栓拧紧的顺序示例　　　图 6.17　封闭形状排列螺栓的拧紧顺序示例

⑥ 螺母拧紧后,各夹层之间应该紧密贴合,严禁采用加大扭矩的方法来排除夹层间隙。

⑦ 螺栓过盈配合安装时,只能拧螺母,严禁拧螺栓头。

⑧ 拧紧螺母时,需要注意不能拧到螺纹尾处。

（2）高锁螺栓安装方法

可以用棘轮扳手和专用风扳机安装高锁螺栓,如下图所示:

安装方法:

① 螺栓应沿孔的轴线推入。螺栓与孔过盈配合时,可采用铜棒沿孔轴线方向敲打装入,注意防止偏斜。

② 安装高锁螺母到已放入螺栓孔的高锁螺栓时,一般需要拧上两扣螺纹。

③ 高锁螺栓安装一般不使用垫片。垫片只允许在找不到与夹层厚度匹配的螺栓时使用。

④ 用棘轮扳手手动锁紧螺母时,需要将扳手套在高锁螺母的六方头上,插杆插入高锁螺栓的六方孔内,左手握住插杆固定螺栓,右手握住轮扳手拧高锁螺母,拧到高锁螺母上的六角头剪断为止,如图 6.18 所示:

⑤ 用风扳机机动锁紧高锁螺母时,应将方扳头套戴到高锁螺母的六角头上,并调节高度,使风扳机上的六角插杆插入高锁螺栓的六方孔内。开动风扳机,拧高锁螺母,拧到高锁螺母上的六角头（如图 6.19 所示）剪断为止。

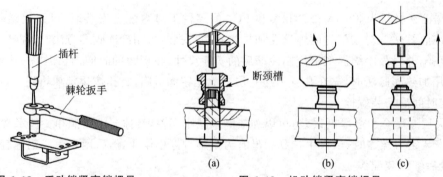

图 6.18　手动锁紧高锁螺母　　　图 6.19　机动锁紧高锁螺母

⑥ 严禁用旋转螺栓的方法将螺栓拧入孔中。

⑦ 成组高锁螺栓的拧紧顺序与成组螺栓的方法相同。

（3）锥形螺栓安装方法

① 用手将螺栓压入孔中（如图 6.20 所示）,再用工具轻轻敲打螺栓至正确位置,如果作业

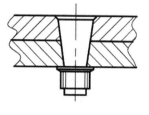

旋转螺母的同时，
将锥形螺栓拉入孔中

(a) 用手指将锥形螺栓压入孔内　　(b) 锥形螺栓的拧紧　　(c) 拧紧后的锥形螺栓

**图 6.20　锥形螺栓安装的典型程序**

空间不够,可以允许拧螺母使其到正确位置,拧紧力矩的操作按设计规定要求执行。

② 螺母需要拧紧到螺栓下部支撑面(与工件表面或沉头窝贴合)为止。

(4) 定力扳手使用注意事项

① 只能使用经过校验合格的扳手,且应按所需定力数值选取相应型号。

② 正确使用定力扳手:要用平衡、缓慢的力扭动扳手(禁止急速扭动),手握位置为手柄中间位置,垂直于扳手中心线拉动手柄至力矩满足要求为止。禁止随意手握根部和端点(如图 6.21 所示)。

③ 定力扳手只能顺时针转动;定力扳手不能当普通扳手使用,严禁使用其拆卸螺栓和螺母;施加给定力扳手的力矩要小于其额定值。

④ 尽量不使用转换器,若要使用,须满足以下要求:

a) 合理选用转换器形状,如图 6.22 所示:

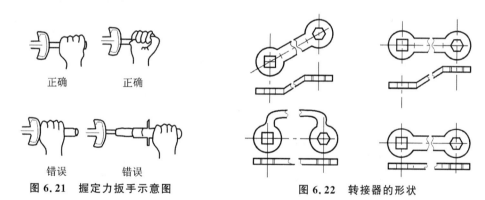

正确　　　　正确

错误　　　　错误

**图 6.21　握定力扳手示意图**　　　　**图 6.22　转接器的形状**

b) 定力扳手的长度应大于转接器的长度,这样可以减少拧紧力矩误差。

c) 连接转换器时,保证扳手中心线与转换器中心线成一直线;使用轴线偏移的转换器时,角度应小于等于 15°,如图 6.23 所示。

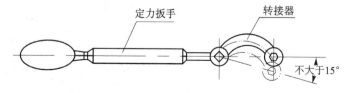

定力扳手　　　　　　　转接器

不大于15°

**图 6.23　转接器在扳手上的定位**

⑤ 右扭矩定力扳手只能右旋,左扭矩定力扳手只能左旋。

⑥ 钛及其合金制的螺栓或产品结构不能用镀镉的定力扳手和转接扳手。

⑦ 施加的扭矩不允许超过定力扳手的额定扭矩值。

# 6.2 螺栓连接的防松工艺

作为最基本的结构连接方式,螺纹连接具有结构简单、安装便利、拆卸方便、可批量生产等优点。但在振动、冲击以及温度荷载的长期作用下,螺纹连接的预紧力会逐渐减小、丧失,甚至产生连接松脱现象。实际应用中,因螺纹连接松动、脱落而造成的设备故障和安全事故屡有发生。为避免螺栓松动、脱落,常用的防松方式见表6.14。

表 6.14 螺栓连接的防松方法

| 防松方法 | 类型 | | 推荐用途 | 图 例 |
|---|---|---|---|---|
| 双螺母 | | | 用于设备连接的防松 | |
| 保险丝 | 单股 | 固定在螺母上 | (1)适合小间距且排列规则的螺栓紧固件 (2)可达性或频繁更换使保险丝双股扭较方法不能实现的防松; (3)松紧螺套防松。 | |
| | | 固定在螺钉头上 | | |
| | | 两个螺塞上 | | |
| | | 松紧螺套上 | | |

| 防松方法 | | 类　型 | 推荐用途 | 图　例 |
|---|---|---|---|---|
| 保险丝 | 双股 | 一个螺栓上 | （1）适用于螺栓、锥形螺栓与螺母的连接防松；<br>（2）松紧螺套防松。 | |
| | | 二个螺栓上 | | |
| | | 螺栓头上 | | 向后或向下弯曲<br> |
| | | 薄螺栓头上 | | 向后弯曲<br> |
| | | 槽型螺丝上 | | 向后弯曲<br> |
| | | 带斜孔螺栓头上 | | 向下或后后弯曲<br> |
| | | 不在一条直线上的螺栓 | | |
| | | 松紧螺套上 | | 叉形接头　　钢索套环接头<br>缠绕四周<br>镦制接头　缠绕四周　钢索套环接头<br>销钉耳环接头　　钢索套环接头<br>缠绕四周 |

| 防松方法 | 类　型 | 推荐用途 | 图　　例 |
|---|---|---|---|
| 涂胶液 | | 适用于螺纹孔连接或螺纹直径小于等于 5 mm 的连接 | 说明:涂一层胶液在螺纹连接处,凝固后起固定作用。 |

螺栓的防松操作过程中,其工艺要点如表 6.15 所列。

**表 6.15　螺栓防松工艺要点**

| 项　目 | 工艺要点 |
|---|---|
| 螺栓上开口销孔位置 | 与槽形螺母槽口相对且不高出槽顶面。<br>对于需定力的槽形螺母,允许在规定的扭矩值公差内调节相互之间的位置。 |
| 禁止冲子制冲点 | 冲点会破坏螺栓与螺母的螺纹副关系。 |
| 弯折止动垫圈爪片的角度 | 应倾向于锁紧螺母,如图 6.24 所示。其中,允许的倾斜如图 6.25 所示,不允许的倾斜如图 6.26 所示。 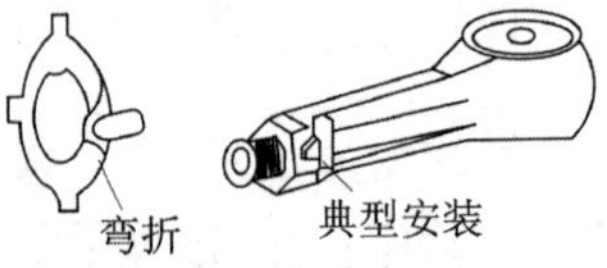<br><br>图 6.24　止动垫圈爪片的弯折形式 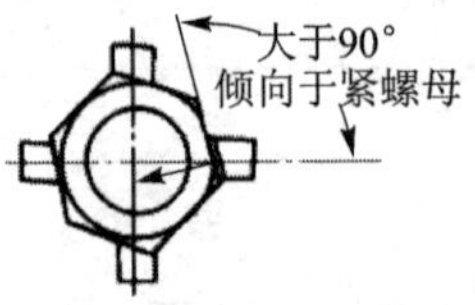<br><br>图 6.25　爪片弯折的倾斜角度 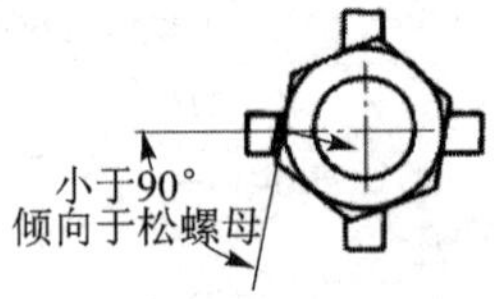　　图 6.26　爪片弯折不允许的倾斜角度 |
| 用保险丝防松 | (1) 保险丝端头要制出一段 3～6 个扭节的辫子,将其向下或向螺纹紧固件趋向松动的相反方向弯曲(如图 6.27 所示)。 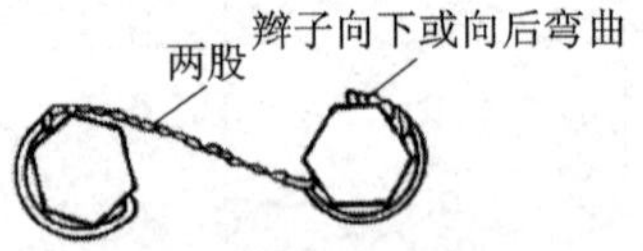<br><br>6.27　保险丝端头的扭接形式<br>(2) 安装后的保险丝松紧适中,不宜过紧或过松。<br>(3) 保险丝不能重复使用;<br>(4) 保险丝不能过度弯折和铰结。 |
| 大间距螺纹紧固件防松 | 每根保险丝最多连接 3 套螺纹紧固件 |
| 小间距螺纹紧固件防松 | 可用一根保险丝防松,但其长度一般应小于等于 600 mm |
| 厌氧胶或环氧树脂胶防松 | 严格遵照有关使用说明书施工 |

# 6.3　螺栓连接的防锈和标记

螺栓螺母生锈会给各种设施维修、维护带来诸多不便,特别在锈蚀后,很难拆卸,费时费力,造成很大的损失。另外,需要特殊操作的螺栓,要进行标记,对于螺栓的防锈和标记要求见表 6.16。

表 6.16　螺栓连接的防锈和标记要求

| 项　目 | 要　求 | |
|---|---|---|
| 螺栓安装合格后 | 螺栓头、螺母及螺栓螺纹伸出部分。 | 涂 H06-2 环氧锌底漆 |
| | 表面氧化处理、材料为 30CrMnSiA 的螺栓。 | 涂灰色丙烯酸底漆;若螺栓在油箱内,则不涂漆。 |
| 定力螺栓涂漆后 | 用红色环氧硝基磁漆作标记。 | |
| | 标记在螺母上,若结构不敞开可以涂在螺栓头上。 | |
| | 标记是一条红色直线或一个圆点。 | |
| | 标记边缘要清楚。 | |
| 不作标记的螺栓 | 飞机外表面上的沉头螺栓头。 | |
| | 整体油箱内部的螺栓头或螺母。 | |
| 标记有错位现象的螺栓 | 螺栓需重新定力拧紧或重新作相关标记。 | |

# 6.4　螺栓连接的常见缺陷与排除方法

螺栓连接常出现:未拧紧,螺栓头、螺母与工件之间有间隙,螺栓折断或脱扣,自锁螺母失效螺栓六角头棱角拧圆,定力力矩不合格等缺陷形式,其产生的原因及排除方法见表 6.17。

表 6.17　螺栓连接缺陷的产生原因及排除方法

| 出现问题 | 产生原因 | 排除方法 |
|---|---|---|
| 螺栓(螺母)未拧紧 | 被连接件之间有间隙 | 排除工件间隙后拧紧 |
| | 螺栓型号选用不正确,导致螺母未与螺栓在螺纹处配合。例如,螺栓光杆部分露出工件表面长度大,垫圈厚度不够 | 更换正确型号的螺栓或者垫圈 |
| 螺栓头、螺母与工件之间有间隙 | 未拧紧 | 拧紧 |
| | 螺栓型号不正确,光杆部分长 | 更换螺栓或垫圈 |
| | 螺孔中心垂直度不满足要求,产生单向间隙 | 1. 工件锪(锉)平或加斜垫片<br>2. 工件扩大孔径<br>3. 工件加大螺栓直径 |

续表 6.7

| 出现问题 | 产生原因 | 排除方法 |
|---|---|---|
| 螺栓折断或脱扣 | 拧紧力矩超出允许的最大拧紧力矩 | 控制拧紧力矩 |
| | (1) 螺栓与螺母,螺纹没有对正<br>(2) 螺栓与螺母配合时,螺距没有按要求拧紧 | 更换合适的螺栓 |
| 沉头螺栓头凸出工件表面超差 | 孔深度不够,不满足要求 | 重新锪窝,让孔深满足要求 |
| | 窝孔中心线与孔中心线同轴度不满足要求 | 加大螺栓,重新锪窝(不允许锉修沉头螺栓头) |
| 螺栓六角头棱角拧圆 | (1) 选用的扳手不满足要求<br>(2) 选用的扳手磨损 | 更换合适扳手,也可以更换与扳手更加匹配的螺栓 |
| | 拧紧作业不规范,选用的套筒扳手没有放到位,与六角头接触小产生滑动 | 规范拧紧螺栓作业,套筒扳手应放到位 |
| 定力力矩不合格 | 拧紧力矩不满足要求、过大或过小 | 定力按照图样要求进行按图样给定力值进行定力 |
| | 定力扳手使用不规范 | 扳手使用按照相关规定进行 |
| | 定力后的开口销位置不跑偏,改变了力矩 | 考虑开口销的位置或更换垫圈 |
| 自锁螺母失效 | 装拆次数过多 | 更换螺母 |
| | 锁紧部分存在缺陷 | |
| 开口销活动 | 开口销直径与螺栓开口销孔径不匹配 | 更换开口销,重新打紧 |
| | 安装时,圆头没靠紧,弯折时没压紧或没扣住螺母凹槽内 | |

# 课后练习题

1. 飞机螺栓连接工艺一般包括哪些？简述典型的螺栓装配工艺流程。
2. 零件的定位和夹紧方法包括哪些？简述各自适用范围。
3. 螺栓孔加工前的准备工作有哪些？
4. 手工铰孔的操作要点包括哪些？
5. 扩孔和铰孔的常见缺陷和主要原因及解决措施？
6. 倒角和倒圆的工艺方法是什么？
7. 螺栓安装前的准备工作有哪些？
8. 螺栓安装的技术要求包括？
9. 定力扳手使用过程中的注意事项有哪些？
10. 螺栓连接的防松方法和各种防松方法的用途？
11. 螺栓防松工艺要点包括哪些？
12. 螺栓连接的常见缺陷和排除方法？
13. 简述新型螺栓连接技术？

# 第 7 章　铆接变形的原因与修复

在装配和铆接飞机构件板件和部件的时候,经常会碰到各种各样的铆接变形问题。铆接变形的原因很多,但其中很多铆接变形,只要在装配铆接中,装配方法和铆接顺序得当,操作技术水平较高,是可以避免产生的。

## 7.1　铆接变形产生的原因

### 1. 飞机结构的刚性较差产生变形

飞机结构大多为轻合金的薄壁结构,由于轻合金的弹性模量较低,使得薄壁结构的抗弯刚度及抗扭刚度都要比黑色金属薄壁结构差,因而与一般机械相比飞机结构的刚性就较差。在制造和装配过程中,无论采取哪种连接方式都很容易产生变形,如果不很好地加以控制就会造成超出使用要求所允许的范围而报废。如图 7.1 所示为某直升机尾梁铆接后产生的扭曲变形。

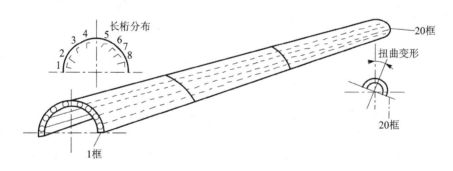

图 7.1　某直升机尾梁上板件铆接后的扭曲变形

特别是现代的一些低速小型飞机,为减轻机体结构的重量,提高商载能力,大多采用了超薄壁结构,即飞机机体结构的蒙皮和骨架(长桁、框和肋等)均是用 0.3～0.8 mm 铝合金薄板制成,其工艺方法及工人操作技术都有独特的一面,为区别于一般薄壁结构,故称其为超薄壁结构。如机翼的后缘、襟翼、副翼及舵面等。这种结构的蒙皮很薄,骨架零件亦很弱,往往经不起铆枪的捶击,甚至轻度的捶击就会使铆钉周围的蒙皮连同骨架一起产生局部凹陷,因此多数采用无冲击力的抽芯铆钉进行铆接,即使如此,如果操作时掌握不当,钉杆断裂时拉铆枪产生的反冲也会将产品冲出一个局部的凹坑。

### 2. 铆接工件应力变形

在铆接过程中,由于铆钉杆在镦粗时挤压孔壁和钉头,镦头挤压工件表面,而产生内应力(如图 7.2 所示)。

在应力的作用下,使铆钉附近材料延伸。而铆钉镦粗时,挤压力并不是沿铆钉杆全长均布的,越靠近镦头挤压力越大;另外由于不同的材料或不同的厚度相铆接,延伸量也不一样。飞

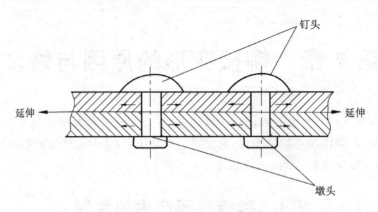

图 7.2    由于钉杆镦粗及钉头挤压铆接件而产生的变形

机产品结构比较复杂,由于铆接方法和铆接顺序的不同,应力变形或积累增加或相互抵消,故产生了不平衡的变形,致使工件产生弯曲、扭曲和钩曲等不同形式的变化(如图 7.3 所示)。

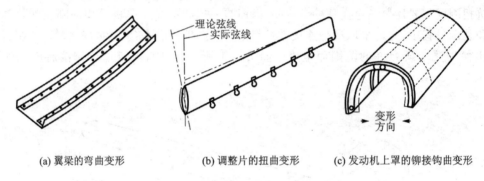

(a) 翼梁的弯曲变形          (b) 调整片的扭曲变形          (c) 发动机上罩的铆接钩曲变形

图 7.3    铆接工件的应力变形

### 3. 定位基准和约束选择的不合理,以及工装使用不当而变形

工装除了定位作用外还有控制产品变形的功能,如何正确选择适合产品特点的工装是很重要的。如某型机的外襟翼型架,每隔两个肋给一块卡板,虽然简化了工装,但在铆接过程中对肋的偏摆不易控制,保证不了表面平滑度和后缘直线度的要求。有时尽管有卡板,但操作者若怕麻烦,工作时将多块卡板同时打开,产品失去约束,很容易产生变形(如图 7.4 及图 7.5 所示)。

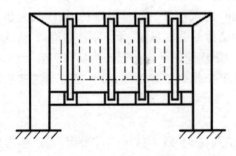

图 7.4    卡板过少的型架

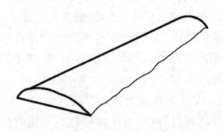

图 7.5    襟翼后缘由于卡板过少而不直

**4. 零件不协调或零件与定位器不协调而进行强迫装配引发变形**

参加装配的零件相互间不协调或零件与工装定位器不协调,如不采取措施就进行强迫装配势必产生应力而使工件变形。如接头在取消约束后产生回弹,致使接头孔偏离定位器定位点过大(如图 7.6 所示)。

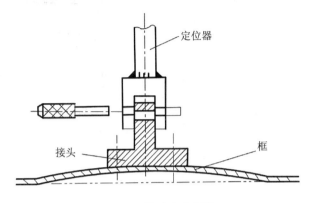

图 7.6　接头产生回弹

**5. 施工过程中装配方法和铆接顺序不合理引发变形**

对于薄壁结构应视刚性的强弱采用不同的铆接方法。一般遵循中心法或边缘法,否则材料膨胀无法向外延展而产生鼓动接头和变形,尤其是蒙皮对缝处的间隙,应经常观察是否相顶,并及时加以修锉。一旦两块蒙皮相顶,就很容易产生鼓动。板件铆接顺序见图 7.7。

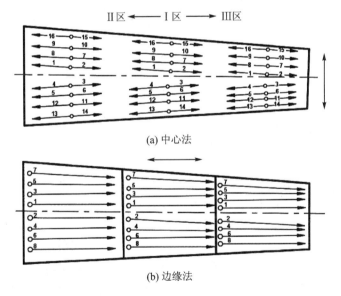

图 7.7　板件铆接顺序

**6. 铆接工具选用不当,铆接时施力过大引起变形**

应根据产品结构的刚度和铆钉直径选用适当功率的铆枪和适当重量的顶把。冲击铆接时若出现铆枪功率过大、铆钉杆镦粗不均匀、冲击时间长、镦头过扁等情况,都会使铆接件产生过大的内应力而变形或使蒙皮表面沿铆缝凹陷,致使平滑度不好(如图 7.8 所示)。

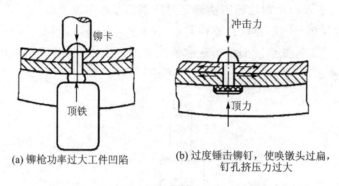

(a) 铆枪功率过大工件凹陷　　(b) 过度锤击铆钉，使唤镦头过扁，
　　　　　　　　　　　　　　　　钉孔挤压力过大

**图 7.8　铆接工具及铆接力过大引起铆接变形**

**7. 操作者造成的铆接变形**

为此，就要求操作者在铆接过程中，要不断地认识、掌握变形规律，提高技能水平，增强责任感和协作精神，及时采取防范铆接变形的措施。

**8. 零件不合格，如蒙皮本身就原带鼓动或松动**

**图 7.9　压梗蒙皮本身的鼓动**

有的产品鼓动是由于蒙皮本身不合格，在未装配之前，已带有鼓动和松动。尤其是超薄的压梗蒙皮，往往在成形过程中就产生了鼓动（如图 7.9 所示）。

# 7.2　预防和减少铆接变形的措施

（1）工装设计时，正确地选择定位基准，合理布置约束，并保证有足够的刚度，工作开敞，并且不能过于简化。

（2）参加装配的零、组件之间和定位器之间要保证协调，如果超差，则及时返修。纯属公差积累造成的不协调，应在允许的范围内进行补加工，决不能进行强迫装配。

（3）采用合理的铆接顺序，遵循中心法或边缘法，注意蒙皮对缝是否相顶，并及时加以修锉。

（4）采用应力装配法，防止蒙皮鼓动，先将蒙皮一端固定在骨架上，然后用机械装置或橡皮绳等将蒙皮拉紧并贴合在骨架上，使蒙皮处于拉应力状态下与骨架铆接。

（5）应尽量采取压铆和正铆法，反铆时，尽量避免捶击时间过长。

（6）铆钉长度和镦头要加以控制，镦头高度尺寸取上限（除设计要求外），避免镦头过扁，产生工件变形。

（7）减少铆缝下凹，可采用带保护套的平头钉冲头和大面凸头钉冲头铆接。

（8）掌握捶击力的大小，采用功率适宜的铆枪和重量适宜的顶把，尤其是在分解重铆时更需注意。

（9）施工过程中应经常检查产品的准确程度，如检查骨架的平直度、蒙皮铆完后的平滑度，接头定位销子的松紧度等，发现变形及时加以克服。

（10）尽量在夹具内铆接，以保证骨架的准确外形。外形不平整时，可在允许范围内加垫补偿。铆接蒙皮时，每铆一个框或一个肋时，只能打开一道卡板，不允许同时打开多道卡板进行铆接。

（11）对于薄蒙皮、骨架刚性较差的结构，特别超薄壁结构，以及工艺、设计分离面的连接处，铆接工序在架内不受夹具影响铆接的，要铆完才能下架。

（12）为了保证机翼、尾翼、襟翼、副翼和舵面的后缘直线度，避免波浪式变形，后缘条上的铆钉可正、反交替安放和铆接，使其变形能相互有所抵消（如图 7.10 所示）。

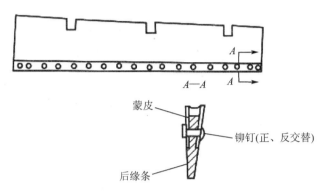

图 7.10　后缘条铆钉正反交替铆接

（13）为了克服不可避免的铆接变形对接头孔位置准确度的影响，只有在装配的最后工序才能进行铰孔。但在铰孔前需检查孔的偏移量是否能保证孔的精度、光度和最小边距的要求。

（14）蒙皮在装配之前，应很好地检查其供应状态，如有鼓动和松动现象不能使用。

（15）在薄蒙皮与厚工件或接头连接的反铆中，由于铝铆钉长，铆钉直径粗，铆接中镦头难以成形，且捶时间长蒙皮很容易变形，所以铆接后，不能满足技术条件规定的外形。为了解决这一问题，可采用将铝铆钉放在盐炉中，进行热处理（退火）大约 15 min，从盐炉中取出，之后立即放在清水中冲洗干净，之后再进行铆接。这样退火的铆钉，在自然硬化之前，易使镦头成形，可以减少铆接捶击的时间，避免铆接时间长，产生铆接变形，同时也提高了铆接效率，确保了铆接质量。

## 7.3　铆接变形的排除方法

**1. 敲修法**

敲修是在变形的部位，用木锤或橡皮锤进行敲击。对于局部的凹陷和凸起，可从结构内向外或从外向内进行敲击，视情况可在背面用木块顶住。敲击力的大小和范围根据结构和变形情况决定。但不宜在一处敲打时间太长，以免产生鼓动，更不得损坏材料和连接强度（见图 7.11）。

**2. 加垫法**

对于局部较轻的凹下，为保证协调和外形准确度，在图样和技术条件允许的范围内，可将变形部位分解，然后在骨架和蒙皮间加入两端带斜梢的适当厚度的垫片，重新进行钻孔铆接（见图 7.12）。

**3. 反变形法**

反变形的方法，往往是行之有效的，但需在实践中取得经验，在掌握了变形规律的情况下实施。如某机的升降舵，翼尖部分总是向下翼面扭曲，那么就可以在下翼面蒙皮铆完后，检查

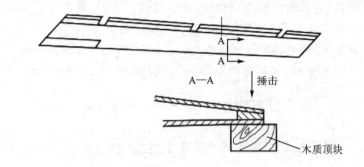

图 7.11　用木锤或橡皮锤敲修变形

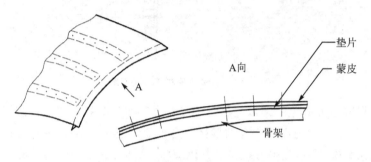

图 7.12　加垫片法

一下扭曲情况,根据变形量的大小,在翼尖后缘处下蒙皮和卡板间加上适当厚度的垫片。使其向上翼面方向预先有个反变形,然后再铆上翼面蒙皮。这样,在取消约束以后,产品就弹回到接近正确的位置(见图 7.13)。

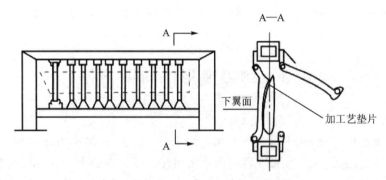

图 7.13　在型架上用反变形方法克服变形

### 4. 热校正法

对于某些材料,如高强度铝合金,不允许冷校正,只能采用热校正的办法来排除变形。这是一种专门技术,应按有关规定执行。

安排做热校正的人员,必须经过专门培训和考试合格。热校正项目的内容,必须严格按有关部门审批的技术文件执行。所使用的设备、工具、材料及操作方法必须遵守技术说明书的规定。

#### 5. 排除蒙皮鼓动的方法

用带有高度小的弯边之加强板条,置于鼓动部位,两铣薄端插入骨架和蒙皮之间,然后用适当数量的铆钉与蒙皮铆接。

加强处的数目不应超过图样和技术条件的规定(见图 7.14)。

对于轻微的鼓动可以用粘贴玻璃布或粘贴泡沫块的方法排除(见图 7.15)。

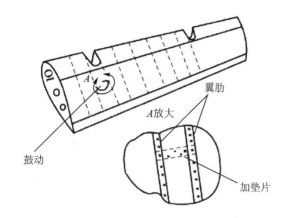

图 7.14  用加强板条排除鼓动

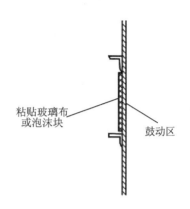

图 7.15  用粘贴玻璃布或泡沫块排除鼓动

# 课后练习题

1. 铆接变形的原因有哪些?
2. 怎样减少铆接变形?
3. 铆接变形的排除方法有哪些?
4. 蒙皮鼓动的排除方法有哪些?
5. 简述襟、副翼楔形件缘条铆接变形后的敲修校正操作。
6. 简述铆缝底下的加垫、敲修校正排除操作。
7. 简述在薄蒙皮与较厚工件或接头连接铆接中减小变形的方法。

# 第8章　钣金成形工艺简介

## 8.1　航空钣金成形技术的种类

　　航空钣金成形技术是以航空飞行器常用的金属板材、型材和管材为对象,利用金属材料在一定载荷条件下具有塑性变形的特点来实现零件形状和组织性能改变的一种加工技术。以飞机为例,近现代飞机机体仍以半硬壳式结构为主,主要由曲面外形的蒙皮(薄蒙皮、变厚度蒙皮、整体壁板等)和纵横骨架(长桁和隔框)构成,钣金零件是其重要组成部分之一。根据相似性分类原则,飞机钣金零件常用分类方法见表8.1。

表8.1　飞机钣金零件常用分类方法

| 分类方法 | | | 内　容 |
|---|---|---|---|
| 按材料品种 | 板材零件 | 平板零件 | 垫片垫板、汇流条、框肋件、腹板地板件、蒙皮、仪表盘零件等 |
| | | 弯板型材 | 角形、L形、Z形、U形、Π形、圆弧形、半圆形、复杂形 |
| | | 拉深零件 | 筒形件、球形件、锥形件、梯形件、盒形件、复杂形件 |
| | | 蒙皮零件 | 局部单曲蒙皮、单曲蒙皮、双曲蒙皮、复杂形蒙皮 |
| | | 整体壁板 | 柱形壁板、锥形壁板、凸峰壁板、马鞍形壁板、折弯壁板、挤压壁板 |
| | | 落压零件 | 板弯梁、半管、整流罩、波纹板、加粗框、复杂蒙皮、盒形件 |
| | | 橡皮零件 | 直线弯边、凸曲线弯边、凹曲线弯边、凸凹曲线弯边、复杂形弯边 |
| | | 旋压零件 | 球形件、抛物线件、鼓形件、收口件、放口件、筒形件、锥形件 |
| | | 热成形件 | 型材、框板、波纹板、整流罩、蒙皮、拉深件 |
| | | 超塑成形 | 框罩、盒形件、撑杆、壁板、梁框、舱门 |
| | | 局部成形 | 压窝、压梗、翻边、胀形、压印、收口、放口 |
| | 管材零件 | | 无扩口弯曲导管、扩口弯曲导管、卷边弯曲导管、异形弯曲导管、焊接管 |
| | 型材零件 | | 压下陷型材、压弯型材、滚弯型材、绕弯型材、拉弯型材、复杂形状型材 |
| 按材质种类 | 铝合金、镁合金、钛合金、高温合金、金属间化合物、铜合金、复合材料、不锈钢等 | | |
| 按结构形状 | 蒙皮、壁板、长桁、隔框、机匣、肋条、整流罩等 | | |
| 按工艺方法 | 压弯、拉弯、绕弯、拉深、拉形、落压、旋压、闸压、橡皮囊成形、喷丸成形、超塑成形/扩散连接(SPF/DB) | | |
| 按成形温度 | 冷成形、热成形 | | |
| 按变形特征 | 分离工序、成形工序 | | |

　　由于航空飞行器对重量的要求极为苛刻,其所采用的金属材料一般要求具有高的比强度和比刚度,因此大量采用铝合金、钛合金、金属间化合物和金属基复合材料等轻质、高强、难变形材料,而针对这些材料所采用的成形方法有其特殊性。按照所成形的金属坯料形式,航空钣

金成形技术可分为板材成形技术、型材成形技术和管材成形技术,如图 8.1 所示。其中,板材成形技术又可分为超塑成形(扩散连接技术)、喷丸成形技术、蠕变时效成形技术、旋压成形技术、蒙皮拉形技术、柔性介质压力辅助成形技术和热成形技术等;型材成形技术又可分为型材拉弯成形技术、型材滚弯成形技术和型材压弯成形技术等;管材成形技术又可分为管端成形与连接技术、管材弯曲成形技术和管材弯胀成形技术等。另外,精密化学铣切成形技术作为一种特殊的材料去除加工方法,由于其在航空上主要用于板材零件下陷等的成形以达到减重的目的,因此也将其视为一种特殊的板材辅助成形方法。

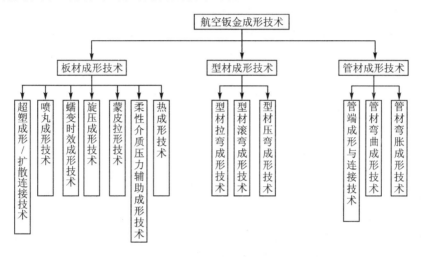

图 8.1　航空钣金成形技术分类

# 8.2　航空钣金成形技术特点

## 8.2.1　钣金成形工艺特点

### 1. 品种繁多,形状复杂

据统计,钣金零件数量占整架飞机零件总数量的 50% 左右,达数万件之多,加工工时占全机的 20% 以上。钣金零件大多具有不规则曲面外形,需要满足几何尺寸及气动外形的要求。钣金零件尺寸规格从几十毫米至几十米,如大型客机机翼整体壁板零件已长达 32 m,宽 3.5 m,机身蒙皮长度也接近 10 m。钣金零件选材涉及铝合金、钛合金、镁合金、铝锂合金、高温合金等金属材料,以及各类金属基复合材料等。

### 2. 精度要求高,检测严格

与气动表面接触的零件,要求有光滑流线,不允许划伤和擦伤等,对于特殊要求的须采用镜面蒙皮。零件外形精度、表面完整性以及材料组织结构、力学性能等都必须经过严格检测,以满足零件的设计要求。如在高速飞行且有长寿命要求的大型客机机体上广泛采用镜面蒙皮(又称抛光蒙皮,具有耐疲劳、抗腐蚀和气动表面光滑的良好性能),以 MD-82 为例,全机共有蒙皮 157 块,其中镜面蒙皮 108 块,占蒙皮总量的 69%。在第四代战斗机上,对构成机体外形型面的蒙皮、壁板类零件的成形精度要求更高,尤其是对零件外形精度、零件锯齿边的切边精度和零件之间的装配对合精度具有很高的要求,以减小雷达散射面积,达到隐身的要求。

### 3．更新换代快，生产批量小

以军机为代表，自 20 世纪 60 年代超声速战斗机开始服役以来，至今经历了四代，各代更新周期越来越短，通常是服役型号生产与在研型号攻关重叠。这样就使得飞机钣金零件定型时间短，即使定型零件后，根据设计需求也要经常修正，使得模具重复使用性差。非战争期间，对于服役主力机种，在量产上百架份的情况下，钣金零件生产几百件就属于大批量生产了。此外，大型飞机的 3 万～5 万项钣金零件中，个别类型的零件只有一两件。

### 4．工装种类多，协调关系难

由于钣金零件刚度小，因此需要一定数量的配套工装才能满足设计要求。工装相互间的几何信息传递环节多，累积误差大，协调困难。传统方式中，对于非叠合表面，一般采用模线样板法在控制切面处保证协调；对于相互叠合的立体制造零件，需要统一协调与制造有关的工艺装备来保证整个叠合表面协调。工装制造精度要比产品精度高 2 倍，在大型运输机工装设计中有 5 万～6 万项工装，周期约占新机研制周期的 2/3，费用占新机研制费用的 25％左右。随着数字化技术的应用，采用数字量代替传统的模拟量进行传递，为提高各个环节的精度和效率提供了新途径。

### 5．加工难度大，需要专用设备多

在飞机制造的历史中，钣金零件的制造经历了从手工作坊敲打成形到专业航空装备集成式制造的过程。由于手工敲打零件对疲劳强度有损害，在现代飞机钣金零件制造中已被严加限制。随着军用飞机技术战术指标及民用飞机安全性和长寿命等要求的不断提高，依赖专用设备制造并满足使用要求的高精度、高质量钣件的比重越来越大，如用于钛合金多层结构成形的超塑成形设备、用于壁板类零件成形的数控喷丸成形设备和用于蒙皮零件成形的数控蒙皮拉形设备等，因此航空钣金专用设备的先进性体现了钣金成形技术水平的高低。

## 8.2.2　板材成形技术特点

图 8.2 所示为飞机钣金零件中的典型板材零件，板材零件面内尺寸与厚向尺寸相比大得多，在航空钣金零件中常以壳体零件形式出现，如保证气动外形的翼尖零件、整流罩，用于视窗的口框零件等。此外，现代飞机板材零件除了要保证飞机气动外形外，还承受气动载荷的任务，如带筋整体壁板等。板材成形技术指以板材为对象，采用一定载荷形式，在模具型面约束条件或自由状态条件下，使板材坯料发生塑性变形从而获得所需的形状及尺寸精度的成形方法。针对不同具体成形工艺，典型板材成形工艺特点如表 8.2 所列。

表 8.2　典型板材成形工艺特点

| 典型工艺 | 工艺特点 | 主要航空用途 | 质量控制 | 备　　注 |
|---|---|---|---|---|
| 橡皮囊成形 | 半模成形，采用充满橡皮板的橡皮容框作为通用上模，施压部位至自由面存在压力梯度，摩擦力大 | 框、肋、腹板类零件 | 贴模度、表面质量，壁厚减薄 | 一次可成形多个零件，模胎简单，表面质量高，但零件成形高度受限，橡皮寿命有限 |
| 液压成形 | 半模成形，均布面力，流体黏度小 | 拉深零件 | | 可提高材料成形极限，表面质量高，密封严格 |
| 黏性介质成形 | 半模成形，作用界面存在压应力及剪应力，流体黏度大 | 拉深零件 | | 可提高材料成形极限，表面质量高，密封适中 |
| 颗粒介质成形 | 半模成形，作用界面摩擦力大，存在压应力及剪应力 | 特殊异性截面零件 | | 表面质量与颗粒大小有关 |

续表 8.2

| 典型工艺 | 工艺特点 | 主要航空用途 | 质量控制 | 备 注 |
|---|---|---|---|---|
| 喷丸成形 | 无模成形,高速球形弹丸撞击板坯表层,使一定深度的表层产生塑性延伸变形 | 机翼和机身壁板 | 切面样板、贴合度、表面质量 | 零件外廓尺寸不受限制,由于表层压应力存在,其与喷丸强化结合,可提高疲劳性能 |
| 蠕变时效成形 | 半模成形,在预应力条件下,人工时效沉淀硬化过程中,板材弹性变形转变为塑性变形 | 蒙皮和壁板 | 贴模度、表面质量,壁厚减薄 | 外廓尺寸不受限制,但仅适用于淬火后需人工时效处理的材料,达到精度需修正回弹量 |
| 超塑成形/扩散连接 | 半模成形,变形速率小,材料变形量大,可成形多层结构 | 钛合金口盖、壁板和翼面类构件 | 贴模度、壁厚减薄 | 惰性气体压力为外部驱动力,可成形高精度复杂件,成形周期长 |
| 板材热成形 | 耦合模具成形,加热坯料,使其材料塑性提高,在刚性模具约束下成形 | 钛合金蒙皮类零件 | 贴模度、表面质量,壁厚减薄 | 适用于钛合金等室温塑性差的材料,需考虑尺寸系数,以消除热胀冷缩的影响 |
| 拉伸成形 | 半模成形,在拉力作用下板材或型材按模胎产生不等量延伸而成形 | 蒙皮、型材等 | 贴模度、表面质量 | 蒙皮零件或型材零件,材料利用率低,零件表面易出现棱角 |
| 旋压成形 | 分普旋与强旋(旋薄),旋薄时,材料基本上处于纯剪切应力应变状态 | 回转体整流罩 | 贴模度、壁厚控制 | 机动性好,能用简单设备及模具加工出复杂零件,但工人技术水平要求高,零件质量不稳定 |

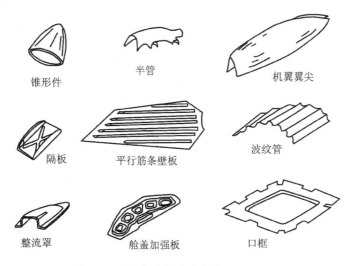

锥形件　　半管　　机翼翼尖

隔板　　平行筋条壁板　　波纹管

整流罩　　舱盖加强板　　口框

图 8.2　飞机钣金零件中的典型板材零件

## 8.2.3　管材成形技术特点

　　管材成形技术是以管材为加工对象,通过对管材施加载荷使管材产生塑性变形的成形方法,图 8.3 所示为飞机钣金零件中的典型管材类零件。管材结构的特点是空心截面,因此管材的变形与板材相比,有其特殊性。在飞机钣金零件中,管材零件的成形主要有异形截面成形、等截面弯曲成形和管端加工等。对于异形截面成形零件,载荷力主要以柔性介质为加载方式,作用力方向为管壁法向方向,如内高压成形技术、黏性介质成形技术、颗粒介质成形技术及超塑性成形技术等。小直径导管类零件特点为等截面弯曲构件,如绕弯成形、滚弯成形等。大直径管弯曲有推弯成形、填料压弯等。典型管材成形工艺及特点如表 8.3 所列。

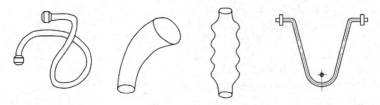

**图 8.3　飞机钣金零件中的典型管材类零件**

**表 8.3　典型管材成形工艺及特点**

| 类　别 | 典型工艺 | 工艺特点 | 航空用途 | 质量控制 | 备　注 |
|---|---|---|---|---|---|
| 变截面管材成形 | 内高压成形 | 压力大,均布面力,介质流动性好,密封严格,可辅助轴向进给 | 导流管等 | 贴模度、壁厚减薄、起皱 | 采用低黏度流体介质,如液压油、乳化液、水等 |
| | 黏性介质成形 | 压力大,均布面力,介质流动性适中,密封不严格,可辅助轴向进给 | — | | 成形介质黏度大,如黄油等 |
| | 颗粒介质成形 | 压力大,非均匀传压,颗粒流动困难,可轴向进给 | — | 表面压痕、贴模度、壁厚减薄 | 成形介质采用石英砂、河砂、陶瓷颗粒等 |
| | 超塑胀形 | 多层结构、变形大、适合钛合金等高温管成形,一般无进给 | 钛合金复杂截面管类零件 | 壁厚减薄 | 介质采用氮气、氩气等 |
| 导管弯曲成形 | 推弯成形 | 大直径薄壁管弯曲(需芯模支撑) | 燃油、冷气、环控、承力件 | 弯曲半径、起皱、壁厚减薄、椭圆度、贴模度 | 直接弯曲成形或采用填充料控制形状精度,如采用流体颗粒状石英砂或河砂、山梨糖醇、聚乙二醇、低熔点合金、聚氨酯、松香等 |
| | 绕弯成形 | 空间结构、小半径管弯曲 | | | |
| | 滚弯成形 | 多曲率弯管成形,效率高 | | | |
| | 填料成形 | 利于控制塌陷与起皱 | | | |
| 导管管端加工 | 端部扩口 | — | 液压、滑油 | 划痕、扩口边缘壁厚减薄、下陷、裂纹、毛刺 | 管端扩口 |
| | 内径滚压 | 管件不夹紧,管件跟着转动 | 环控 | 同轴、表面质量、壁厚减薄 | 管端波纹 |
| | 电磁连接 | 无扩口导管连接、强度高、密封性好,适于直管连接 | 液压 | 滚压次数、内表面质量、锯齿深度 | 管端滚压内接头 |
| | | 高能率成形、界面强机械连接或冶金连接 | | 椭圆度、表面质量、波纹度 | 管端连接 |

## 8.2.4　型材成形技术特点

　　型材类零件在现代飞机上所占的比重相当大,多作机体的长桁、梁和框,以及加强件的凸缘等,如图 8.4 所示。型材成形技术指以型材为对象,在外力载荷下使其达到塑性变形,从而获得所需零件外形,主要分为拉弯、滚弯和绕弯三种成形方式。型材坯料主要为两种:挤压型材和板弯型材。型材截面形状复杂且多样化,弯曲成形经常伴随型材的翘曲、扭转和剖面的畸变等失效形式。典型型材成形工艺及特点如表 8.4 所列。

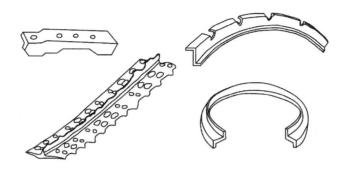

图 8.4　飞机钣金零件中型材类零件

表 8.4　典型型材成形工艺及特点

| 典型工艺 | 工艺特点 | 航空用途 | 质量控制 | 适用范围 | 优缺点 |
|---|---|---|---|---|---|
| 拉弯成形 | 弯曲成形中附加拉力,先拉后弯、先弯后拉、先拉后弯再补拉等拉弯方式对成形质量有重要影响,可通过加侧压成形下陷 | 长桁、梁、框、加强件和凸缘等 | 贴模度、起皱、截面畸变、翘曲、扭翘、边面不平塌角 | 适合成形尺寸和半径都较大的型材构件,以单曲率为宜 | 优点:回弹小,提高抗拉强度,模具承压小;缺点:零件形状受限,材料利用率低,生产效率低,需专用机床 |
| 绕弯成形 | 基本上为纯弯曲,用侧压轮将型材压住绕着弯曲模逐渐弯曲成形,型材腹板在模槽内需要支撑 | | | 成形变角度零件,适用于成形圆框形中等尺寸零件 | 优点:设备简单,工艺易实现;缺点:零件回弹较大,设计绕弯模具时需考虑 |
| 滚弯成形 | 型材在滚轴作用力和摩擦力作用下,向前推进并弯曲变形 | | | 适用于大曲率半径、截面形状简单型材,最适用于等曲率、对称截面型材 | 优点:工艺装备简单,只需制出适合不同截面形状和尺寸的滚轮,便可在滚弯机上成形 |

# 8.3　航空钣金成形变形方式

钣金成形工艺复杂多样,虽然难以全面列举各类成形工艺,但从应力应变状态的共同规律角度,可归结为"收"与"放"两种基本形式。"收"就是依靠坯料的收缩变形来成形零件,其特点表现为板材纤维缩短和厚度增加,失效形式表现为起皱、屈曲等,如板材成形法兰区域等。"放"的特点表现为坯料纤维伸长和厚度减薄,失效形式为破裂等,如板材及管材胀形、单曲度蒙皮拉形等。"收"与"放"的组合变形方式就是成形过程中坯料同时承受伸长和压缩变形,"收"与"放"两种基本形式的失效形式均可能出现,如管材及型材的各类弯曲变形,以中性层为界,外侧发生伸长变形,内侧发生收缩变形。如表 8.5 所列,钣金零件的基本变形方式可归纳为以下几种:弯曲、翻边、拉深、局部成形、胀形、拉形和旋压,具体零件成形形式基本是上述几种形式的组合。由于喷丸与蠕变时效成形具有其独特性,因此也在表 8.5 中单独列出。

**表 8.5　钣金零件的基本变形方式**

| 变形方式 | 简　图 | 涉及工艺 | 零件实例 |
|---|---|---|---|
| 弯曲 | | 型材拉弯、绕弯、滚弯等 | |
| | | 管材压弯、推弯、绕弯等 | |
| | | 板材折弯、橡皮成形、压弯、落压、蒙皮滚弯等 | |
| 翻边 | | 橡皮囊成形、落压 | |
| 拉深 | | 落压，橡皮囊成形、柔性介质成形 | |
| 局部成形 | | 落压，橡皮囊成形、柔性介质成形、超塑成形 | |
| 胀形 | | 超塑成形、橡皮囊成形、柔性介质成形、钢模胀形 | |

| 变形方式 | 简　图 | 涉及工艺 | 零件实例 |
|---|---|---|---|
| 拉形 | | 蒙皮拉形、壁板拉形 | |
| 旋压 | | 旋压成形 | |
| 喷丸 | | 壁板喷丸成形、喷完强化 | |
| 蠕变时效 | | 壁板、蒙皮蠕变时效成形 | |

# 8.4　航空钣金成形技术的地位和作用

钣金成形技术是航空制造工程的重要组成部分,是使飞机能同时获得结构效率和优良性能的基础制造技术之一,也是航空制造工程的支柱工艺之一,是一个国家军事技术能力和科技水平的关键组成部分。钣金零件的制造精度和质量直接影响飞机外形、结构寿命、飞机性能和装配质量。从总体发展趋势看,钣金件在新型飞机制造中占有相当大的比例,即使第四代战斗机与新型宽体客机中采用的复合材料零件比例大幅度增加,钣金零件仍然具有不可替代的作用。如 F-22 飞机机身结构件中铝合金占 35%,复合材料占 23.5%,钛合金占 35%,这种材料组合能够使飞机达到成本与重量的最佳平衡。其中钣金零件占零件总数的 45%,钣金零件劳动量约占全机劳动量的 15%,需要的工装占全机工装的 70%。对于大型运输机来说,钣金零件的重要性更为突出,以宽体飞机伊尔-86 为例,共有钣金零件约 7 万件,以数量计算,板材零件占 18%,型材零件占 78%,管材零件占 4%;以重量计算,板材零件占 65%,型材零件占

26%,管材零件占 9%,钣金零件的使用情况如表 8.6 所列。在我国国产大型运输机上,仅机身零件总数就达 2 万件左右,其中钣金件数量占 67%,重量占 45%。

表 8.6　伊尔-86 飞机钣金零件的使用情况

| 类　别 | 总数量/件 | 总重量/Kg | 描　述 | | 数量/个 |
|---|---|---|---|---|---|
| 板材件 | 13 605 | 19 730 | 蒙皮与壁板 | 平面型(带开口和不带开口) | 288 |
| | | | | 单曲率(圆柱形、锥形、前缘、内蒙皮) | 305 |
| | | | | 双曲率(长度小于 3 000 mm 的蒙皮、长度大于 3 000 mm 的蒙皮、窗框内蒙皮、壁板) | 112 |
| | | | 平腹板弯曲边零件 | 翼类前段和隔框角形件(h/R≤0.2) | 1 500 |
| | | | | 翼类前段及其他部位零件(0.2＜h/R≤1.0) | 1 000 |
| | | | | 翼类前段及其他部位零件(1.0＜h/R≤1.3) | 2 500 |
| | | | 平腹板无弯边零件 | 带减重孔、加强槽和下陷翼肋腹板、鱼鳞片 | 4 000 |
| | | | 深拉延或复杂压延零件 | 盒形件、盖形件、杯形件、口框、整流罩 | 3 900 |
| 型材件 | 59 600 | 7 891 | 直型材,有或没有斜角下陷 | | 57 900 |
| | | | 小曲率型材件。如长桁,缘条、带或不带斜角、下陷的翼肋 | | 530 |
| | | | 曲线形型材件,如缘条变高度、变厚度的框段及弧边(缘条带或不带斜角) | | 190 |
| | | | 曲线形型材件,如缘条、隔框(带或不带斜角) | | 870 |
| | | | 局部弯曲的型材件 | | 50 |
| | | | 板弯型材弯曲成形件 | | 60 |
| 管材件 | 3 016 | 2 800 | 由 Φ120 mm 的整拉管或直缝管成形的弯曲半径为 0.5d~1.5d 的弯管头 | | 141 |
| | | | 由整拉管或直缝管成形的三通管,支管口的直径小于或等于管径 | | 4 |
| | | | 用板材制成的带曲线形接缝的零件 | | 85 |
| | | | 直径达 160 mm、弯曲半径等于或大于 2d 的长形弯管 | | 1 525 |
| | | | 弯曲半径等于管径并带下陷的管件 | | 25 |
| | | | 由整拉管或直缝管制成的直管件 | | 138 |
| | | | 波纹管端 | | 44 |
| | | | 滚压成形法兰边管件 | | 80 |
| | | | 扩口管端件 | | 924 |
| | | | 波纹管 | | 50 |

　　将人体结构与飞机结构做简单对比,可以很直观地了解板材、型材及管材在飞机中的地位和作用,如图 8.5 所示。如果把发动机比作飞机的心脏,那么形形色色的管路就像飞机的血管网,源源不断地把各种营养输送到"飞机全身的各个角落"。除某些框梁结构采用锻造机械加工外,型材及隔框钣金件如同人体骨骼构成了飞机骨架。对于飞机来讲,蒙皮像人体皮肤一样保护机体内部结构,飞机骨架及蒙皮构成了飞机的气动外形。

## 8.4.1　板材在航空领域的地位与作用

　　板材零件是飞机钣金零件中最为复杂的一类,遍布机身的各个部位,种类多于型材零件及管材零件,形状也比其他两类零件复杂得多。板材零件除了起到决定气动外形作用外,还起到结构承载等作用,典型代表是机翼和机身的蒙皮和壁板零件,这类零件不仅外形结构复杂,而且尺寸巨大,是机体结构设计和制造的关键构件。表 8.7 为国内外典型大型飞机机翼壁板的

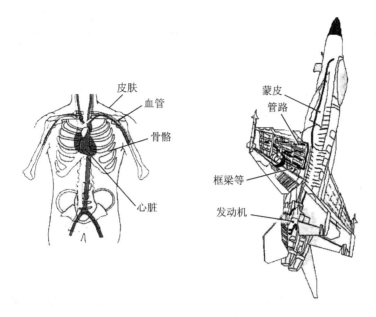

**图 8.5　板材、型材、管材在飞机中的地位和作用及与人体结构对比**

数量和尺寸,A380 飞机的机翼壁板尺寸最长达 33 m,并在机身上大量采用了焊接带筋整体壁板零件,如图 8.6 所示。国产大型运输机的机翼壁板尺寸长度也达到了 19 m,并采用了整体带筋壁板。伊尔-76 全机整体壁板共 108 块,全部为挤压式带筋整体壁板,除中央翼、中外翼、外翼及垂尾外,机身上也覆盖了大量的整体壁板,这些整体壁板约占全机表面积的 70%。在 C919 大型客机上,全机蒙皮和壁板数量达 255 件,如表 8.8 所列,构成了整个飞机的气动外形。

**表 8.7　国内外典型大型飞机机翼壁板的数量和尺寸**

| 机　　型 | 机翼壁板数量/个 | 最大机翼壁板尺寸 | 国　　别 |
|---|---|---|---|
| A380 | 36 | 33 m×2.8 m×28 mm | 欧盟 |
| 波音 747 | 32 | 36 m×3 m | 美国 |
| 伊尔-76 | 108 | 9.3 m×2 m×60 mm | 俄罗斯 |
| C919 | 15 | 16.1 m×2 m×20 mm | 中国 |
| 大型运输机 | 26 | 19 m×2 m×70 mm | 中国 |

**表 8.8　C919 大型客机蒙皮和壁板数量及分布情况**

| | 结构部位 | 蒙皮和壁板数量/个 |
|---|---|---|
| | 机头 | 20 |
| | 前机身 | 8 |
| 机身 | 中机身 | 8 |
| | 中后机身 | 8 |
| | 后机身 | 8 |

续表 8.8

| 结构部位 | | 蒙皮和壁板数量/个 |
|---|---|---|
| 机翼 | 翼盒 | 15 |
| | 固定前缘 | 32 |
| | 缝翼 | 20 |
| | 翼梢小翼 | 10 |
| | 固定后缘 | 36 |
| 襟翼 | | 12 |
| 副翼 | | 4 |
| 扰流板 | | 20 |
| 垂尾＋方向舵 | | 18 |
| 平尾＋升降舵 | | 36 |
| 总结 | | 255 |

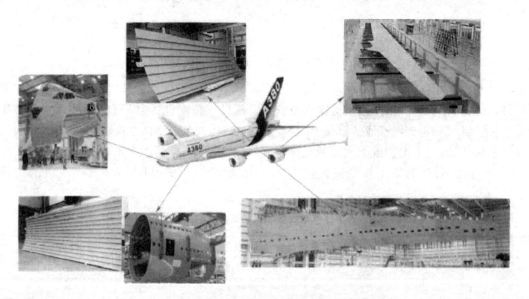

图 8.6　A380 飞机机翼和机身所采用的整体壁板零件

## 8.4.2　管材在航空领域的地位与作用

管路系统是飞机和发动机的生命线,其性能好坏直接影响飞机的整体性能和安全性。以伊尔-76 为例,飞机上液压、燃油、空调、氧气、防冰、操作、冷气和电气等系统中大量采用了导管零件和管件连接件,有 3000 多项,管径从 φ5 mm 到 φ150 mm,壁厚从 0. 5 mm 到 3 mm 都有。

管路系统的可靠性始终是设计者、制造者和使用者关心的重要问题,因为它直接影响飞行器的安全性。根据美国空军各业务公司的统计,飞机元件故障总数中,燃油、气压和液压方面的故障占 50% ～60%。从苏联几个机种的统计情况来看,燃油、液压和气压系统方面的故障也占 50%以上。

如表 8.9 所列。在我国正在使用的现役飞机(含发动机)中,导管失效的故障率占总故障率的 52%。因此,国内外对于管路系统零件的制造均有严格的要求,如美国军用标准(简称美军标) MIL - E - 5007D 明确规定:所有外部可燃液体的管路、接头和部件都应是耐火的(1 090 ℃);滑油系统和液压系统应是防火的(在 1 090 ℃下耐 15 min);管路及部件应能在整个发动机工作范围内遇到的最恶劣的液压参数(即最低流量、最高压力和温度)下正常送油。英国国防标准 DEFSTAN00 - 971 飞机燃气涡轮发动机通用规范都有类似于美军标 MIL - E - 5007D 中有关章节对导管的要求。

表 8.9 苏联一些飞机系统故障分布图

| 机 型 | 故障原件 | | | | |
|---|---|---|---|---|---|
| | 液压 | 燃油 | 冷气 | 高空 | 其他 |
| 米格-16 | 40% | 13.8% | 15% | 12.7% | 18.5% |
| 米格-17 | 26.4% | 48.3% | 2.5% | 3.8% | 19% |
| 伊尔-28 | 30% | 18.4% | 9.8% | 19.3% | 22.5% |

### 8.4.3 型材在航空领域的地位与作用

机身框、长桁、地板横梁以及机翼上的翼梁、长桁和翼肋等构件均为型材零件。型材零件主要用作飞机的框、梁和肋等的重要主承力结构件,其成形质量直接关系到飞机的承载能力、装配精度、整机气动外形和使用寿命,是影响飞机研制进度及保证飞机整体服役性能的技术关键,也是影响飞机制造周期、成本和效益的主要因素之一。

航空用大型挤压工业铝型材主要有整体带筋壁板、工字大梁、机翼大梁、梳状工业铝型材、空心大梁工业铝型材等,主要用作飞机等飞行器的受力结构部件以及直升飞机异形空心旋翼大梁等。采用大型特种挤压型材可大大改进飞机结构,减轻结构重量达 200～800kg,大大简化了高速重型飞机的生产工艺,降低了生产和维修成本,提高了飞行的安全可靠性和延长飞行寿命,其经济效益和社会效益十分可观。运 7 飞机采用大型工字型材后,使飞机的设计与制造工艺大为简化,而且飞机的结构强度、刚度和整体疲劳性能大大提高,飞行寿命提高了 50% 以上。新支线飞机 ARJ21 机身前段部件总共有 Z 形框 49 项,包括 104 个框板,其精度和质量直接影响机身的强度和理论外形的准确度。C919 飞机外翼翼肋上缘条型材,包括位于中央的上凸出部、中间部、下凸出部和分处于两侧的上缘板、下缘板,为挤压一体成形。

钛合金型材构件在高性能尖端飞行器及先进发动机制造领域的应用需求日益迫切。ARJ21 飞机中的球面框采用 Y 形截面钛合金型材,通过拉弯成形技术制造。在国内某型战斗机的后机身,由于受发动机高温的影响,大量采用了钛合金挤压型材,主要为 TC2 和 TA15 系列,截面形状为 L 形、T 形、乙形、U 形、工字形,有 17 种规格,共 100 多个零件。

## 8.5 航空钣金成形技术的现状与发展趋势

### 8.5.1 世界航空钣金成形技术的现状与发展趋势

当前,航空钣金成形技术在深度和广度上都取得了前所未有的进展,其特征是与高新技术相结合,在方法和体系上开始发生很大变化,主要体现在新结构、新材料、新原理带来制造技术上的新突破,主要表现在以下方面。

**1. 薄壁轻量化整体构件成形技术在航空装备制造中的地位和作用越来越突出**

一般情况下,战斗机重量若减轻 15%,则可缩短飞机滑跑距离 15%,增加航程 20%,提高有效载荷 30%。由于整体结构在减重、减少零件数量和装配工作量、提高构件整体性能方面具有明显的优势,已经成为先进飞机和发动机的主要结构形式。针对这些整体构件的成形方法和技术,如钛合金薄壁空心构件的超塑成形(扩散连接技术)、大型带筋整体壁板的喷丸成形和蠕变时效成形技术将越来越得到重视和发展。以 SPF/DB 技术为例,美国 F‑22 飞机的后机身有 8 块高强钛合金 SPF/DB 隔热板,尺寸为 915 mm×635 mm×(1~4) mm。B‑2 飞机上的钛合金 SPF/DB 零件尺寸为 1 200 mm×3 600 mm,厚度为 6.3 mm。"幻影"2000 的 SPF/DB 前缘缝翼与传统结构相比,零件数量减少 67%,生产周期缩短 50%,减重 10%。采用 SPF/DB 技术研制的波音 737‑NC 的反推力热防护壳体与原来的铆接结构相比,零件数量从 32 个减少到 3 个,减重 27.3 lb,成本降低 68%。英国罗·罗(Roll Royce)公司采用超塑成形技术研制出钛合金三层结构宽弦空心风扇叶片,即遣达(Trent)900 发动机宽弦空心风扇叶片,叶片减重 35%~40%,每台发动机装 26 片叶片可减重 90.7 kg,发动机效率提高了 4%,减少了燃油的消耗,并减少了噪声,成为该公司在发动机研制领域技术领先的标志,举世瞩目。

**2. 轻质、高效、耐高温新材料制备及构件制造一体化技术将作为提高新一代武器装备性能的重要手段**

随着高超声速飞行器和新一代航空发动机研制的需求,轻质、高效、耐高温材料的制备及构件制造技术将成为研究的热点和趋势。SiC 连续纤维增强钛基复合材料(SiC/Ti)是通过在钛合金基体中加入高性能 SiC 纤维,充分发挥基体材料与纤维的协同作用,集 SiC 长纤维的高强度、高刚性和高抗蠕变性能与钛合金的轻质高比强度、高比刚度的特性于一体,获得单一材料无法比拟的优异性能,成为一种备受关注的先进复合材料。SiC 连续纤维增强钛基复合材料在现代航空航天飞行器和高推重比发动机中的应用,不仅可以获得 15%~78% 的减重效果,而且可以显著提高使用温度和服役性能,将对未来的航空航天飞行器和先进发动机的设计和制造带来革命性变革。

此外,Ti‑Al 系金属间化合物在制造发动机高温部件方面具有很强的优势,高比强泡沫铝和泡沫钛夹芯结构以及空间桁架结构等新型轻质整体结构将有望用于新一代飞行器蒙皮和壁板结构,以进一步实现减重和提高性能的目的。图 8.7 所示为德国航空和宇航学研究中心、卡曼公司与法国国家空间研究中心利用粉末冶金轧制技术成功制造的"亚特兰大"5 号火箭 3936 锥形体泡沫铝验证件,进行了承压试验。该验证件由 12 块独立的泡沫铝三明治结构经氩弧焊拼接而成,面板是 ENAW6060 铝合金,夹芯为 AlSi6Cu10 泡沫铝,总厚度为 25 mm,其中面板厚度为 1.5 mm。整个验证件的上直径为 2.6 m,下直径为 3.9 m,高度为 0.8 m,总重仅为 200~210 kg,其中泡沫铝三明治结构重量为 140 kg。

**3. 与先进焊接技术的结合,使钣金成形零件突破了板材尺寸和设备台面尺寸的限制,使大型构件的制造成为可能**

新一代飞机和发动机结构要求进一步整体化和大型化,以达到大幅度减少零件数量,减少零件之间连接所增加的重量,避免由于连接带来的应力集中,提高结构寿命和结构可靠性的目的。通过减少零件数量,还可以大量减少工装的数量和加工工装的工时,从而大幅度降低制造成本。波音公司采用搅拌摩擦焊/超塑成形(FSW/SPF)工艺研制了直径达 4 m 的大型发动

(a) 整体图                    (b) 组织结构图

**图 8.7 "亚特兰大"5 号火箭 3936 锥形体泡沫铝验证件**

机吊舱唇口。美国国家航空航天局(NASA)与洛克希德·马丁公司合作利用搅拌摩擦焊/旋压成形工艺研制了直径达 5.5m,深度达 1.6m 的 2195 铝锂合金火箭液体燃料箱封头。这项新技术使用了比普通铝合金密度更小,强度更高的铝锂合金,不仅能够提高零件强度,而且能够有效降低未来火箭液体燃料罐的重量,具有较高的技术与经济效益。

**4. 计算机技术、信息技术、现代测控技术与钣金成形领域的相互渗透与交叉融合,推动了精密钣金成形技术的发展**

随着飞机整体轻量化新结构的大量出现,飞机钣金成形技术向无修正余量方向发展,这对钣金成形的要求非常严格,不允许出现多次冷作硬化或划伤,以实现数字量传递和加工设备的数控化,使得钣金成形技术进入精密钣金成形的技术阶段。波音公司波音 777 飞机的问世,标志着飞机制造从过去使用模线——样板——量规——标准样件——零件成形模具与装配型架的模拟量传递体系,转变为全机外形数字化定义——飞机结构三维建模——数字化预装配——数控加工——数控检测的数字量传递体系。以蒙皮拉形为例,新型柔性多点模具技术的引入,使蒙皮零件几何信息传递方式由原有的以物理量传递的方式改变为以数字量传递的方式,可以解决多年来困扰制造业的模具数量庞大、模具设计制造周期长以及模具型面修正耗时长、费用高等系列问题。同时,柔性多点模具的应用将工艺数字化与柔性多点模具工装数字化紧密结合,亦大力推进了板料成形领域的数字化水平。吸盘式柔性夹持工装的应用,推动了蒙皮数字化检测和数字化切边技术的应用与发展,与传统工艺方法相比,柔性夹持工装采用以点代面的方式拟合蒙皮外形,可实现零件精确切边,避免装配中的二次修边,同时减少了过去的实体切边、化铣刻线样板工装,如图 8.8 所示。

**图 8.8 大型蒙皮零件数字化检测和切边的柔性夹持工装**

数字化精密增材制造技术(3D 打印或快速成型),原理是将计算机设计出的三维模型分解成若干层平面切片,然后把打印材料按切片图形逐层叠加,最终堆积成完整的物体,可实现其他技术难以实现的结构制造,如空心点阵桁架结构等。该项技术也可用于一些特殊的钣金结构件的制造,图8.9所示是北京航空制造工程研究所采用3D激光打印技术制造的复杂功能钣金结构件。采用增材制造技术成形这类特殊的钣金构件具有不需模具、能很快响应设计结构更改的优点,尤其对于一些复杂结构,增材制造技术是唯一可选用的成形技术。

图 8.9 利用 3D 激光打印技术制造的复杂功能钣金结构件

## 8.5.2 我国在航空钣金成形技术领域与先进水平间的差距

**1. 我国航空钣金成形技术存在的不足**

为了适应国防建设和国民经济发展的需要,航空科技工业的主要产品——现代飞机和发动机正朝着高性能、高减重、长寿命、高可靠、高舒适性以及低制造成本的方向不断发展更新。在 2000 年之前,由于国家政策导向和航空武器需求薄弱,我国航空钣金成形技术发展长期处于停滞状态,在 2000 年之后,随着对外交流不断深入和航空装备型号的研制发展,我国航空钣金成形技术取得了较大发展,但整体水平与国外先进水平的差距仍然巨大,远远无法满足武器装备的需求,主要表现在以下方面:

(1)基础理论薄弱,创新动力不足。国外持续不断地进行着金属成形理论和变形机制研究,结合航空产品结构的变形过程进行了大量创新性研究。而我国研究多集中于逆向跟踪仿制和应用导向性的研发,型号生产导向仍未改变,基于机理机制的原创性开发较少,发展后劲明显不足。当新型产品结构出现时,研制的信心不足。

(2)成形工艺与材料、结构设计和性能测试的综合集成不足。现代航空产品结构出现了轻量化、整体化、高损伤容限型趋势,设计、材料、制造和测试的联系越来越密不可分。如蠕变时效成形的机翼壁板和超塑成形/扩散连接成形的宽弦空心风扇叶片,由于其制造难度大、设计和使用要求高,必须将设计、材料、制造和测试联合起来开展大量研究工作,才能实现其在型号上的应用。

(3)新型材料成形技术开发缓慢,质量稳定性堪忧。随着武器装备的发展,高超声速巡航、高推重比、隐身、长寿命、高损伤容限等产品要求对轻质、高强、耐高温材料成形技术的需求越来越迫切。新型铝锂合金、镁合金、高温钛合金、金属间化合物、钛基复合材料等新型材料构件成形技术的储备明显不足,相关配套技术如精确切割、自适应加工、非接触测量、表面完整性控制能力也无法满足要求。上述情况严重制约了我国航空武器装备性能的提高。

(4)钣金成形专用装备差距较大。航空钣金成形技术与其他行业的金属成形技术区别较大,需要专用工艺装备完成成形过程。专用工艺装备往往是航空钣金成形技术的载体,其发水平直接代表了钣金成形技术的发展水平。近年来,航空主机厂配备了大量国外钣金成形工艺装备,其自动化程度高,运行稳定,设备精度和执行效率高。我国航空钣金成形的专用装备与国外相比差距巨大。

**2. 我国航空钣金成形技术的发展方向**

为了尽快缩小与国外的差距,需要尽快开展以下几方面工作:

(1) 以型号需求为牵引,以型号攻关等工程化应用项目为桥梁,努力将已具备一定技术成熟度的优势项目应用到型号上,促进技术成果尽快转化成生产力。近年来,北京航空制造工程研究所结合 ARJ21 飞机的研制成功,将喷丸成形技术应用到 ARJ21 超临界机翼整体壁板的研制和生产上,在此基础上,通过进一步的技术攻关和优化改进,又将该项技术成功应用到了大型飞机整体壁板的研制中,取得了很好的技术和经济效益。在成熟的四层薄板空心结构 SPF/DB 的基础上,进一步开展薄板/实体的混杂空心整体结构的 SPF/DB 技术攻关,并成功应用于导弹舵翼面上,使构件减重达 40%。

(2) 以国际先进技术水平为目标,通过基金项目、预先研究项目、重大基础研究项目等基础研究和应用基础研究项目,以及体制和政策的改进来鼓励技术人员进行原始创新、集成创新和引进、消化、吸收再创新,实现我国航空钣金成形技术的可持续发展。

(3) 创建航空钣金成形或塑性成形技术重点实验室,以重点实验室为平台,以成形工艺为核心,建立健全设计——材料——工艺——测试为一体的研发团队和研发模式,最大限度地发挥核心成形技术的优势和作用,促进成形技术的创新研发和成果的工程化应用。

(4) 重视成形加工专用装备的研制和工艺标准规范的建立,以专用成形设备和工艺标准为载体。使先进成形加工技术实现产品/设备/标准的全方位发展。设备是工艺的载体,在注重工艺技术发展的同时,应关注装备技术的协调发展。对于某些特殊、关键的设备,如超塑成形设备、热成形设备、旋压设备等,应通过科研提升自主保障能力,以免受制于人。同时,只有形成系统的工艺标准规范,才能使先进技术成果真正转化为生产力。

# 课后练习题

1. 简述飞机钣金零件的种类。
2. 什么是板材成形技术? 有哪些类型?
3. 简述钣金成形工艺的特点。
4. 管材成形方法有些类型?
5. 简述钣金成形过程中,"收"与"放"的工艺特点。
6. 简述钣金成形技术的发展趋势。

# 第9章　飞机结构图纸识读

　　飞机结构修理技术人员在维修、修理和改装飞机的结构时，需要通过识读飞机结构图纸，了解和掌握飞机结构的构成、结构件之间的装配关系及结构件的尺寸、形状、材料、制造技术要求等，才能更好地完成工作任务，保证质量。

　　目前，我国在民航领域所使用的飞机绝大多数是来自美国的波音系列（Boeing）飞机和以欧洲为主生产的空客系列（Airbus）飞机。这些飞机的结构图纸都是按各自区域的规定画法进行绘制的，美国波音飞机图纸是按第三角画法绘制的，而空客飞机则是按第一角画法绘制的。第三角画法与第一角画法都是按正投影原理绘制的，两者之间的差异主要体现在视图的位置配置不同，这一点对于学习过机械工程图纸的人来说，稍加练习即可习惯阅读。但是，这些飞机的结构图也有特有的一些规定需要我们认真学习。

　　下面以波音飞机的结构图纸为例，介绍波音飞机结构图纸系统的组成、图纸类型、图纸零件清单的内容、图纸上常用符号、代码及其注释等内容，并且通过实践从而掌握飞机结构图纸的识读。

## 9.1　第三角投影认知

　　我国的工程制图按国家制图标准规定采用第一角投影画法。在国际上，美国、加拿大、日本和澳大利亚等国家采用的是第三角投影画法。ISO 规定第一角投影画法和第三角投影画法等效，因此在国际间的技术交流可以采用第一角投影画法，也可以采用第三角投影画法。

　　波音飞机结构图纸是按第三角投影画法绘制的。第三角投影画法是将工件放在第三分角内，即将工件置于投影面之后，进行投影绘制视图，他们的投影关系是：人－面－物。而第一角投影是将工件放在第一分角内，即将工件置于观察者与投影面之间，进行投影绘制视图，他们的投影关系是：人－物－面。

　　第一角投影和第三角投影工件位置关系对比，如图 9.1 所示。

　　第三角投影的六个基本视图，如图 9.2 所示。

　　第一角画法和第三角画法对所要表达的工件都是按正投影原理绘制的，他们都符合正投影法的规律，即 6 个基本视图仍保持"长对正、高平齐、宽相等"的投影关系。这两种画法主要的区别是基本视图配置的位置不同。第三角画法与第一角画法在各自的投影面体系中，观察者、工件、投影面三者之间的相对位置不同，因此，投影展开后得到的六个基本视图的配置关系不同。

　　为便于国际间技术交流，且有的国家或地区允许这两种画法并存，为避免引起误解，需要在图纸标题栏中用规定的符号标明该图纸采用哪种画法。有时也需要在图纸标题栏中标出所采用画法的标记符号。第三角画法的标记符号如图 9.3（a）所示；第一角画法的标记符号，如图 9.3（b）所示。

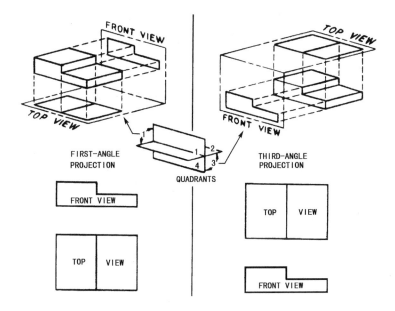

图 9.1　第一角投影和第三角投影工件位置关系对比

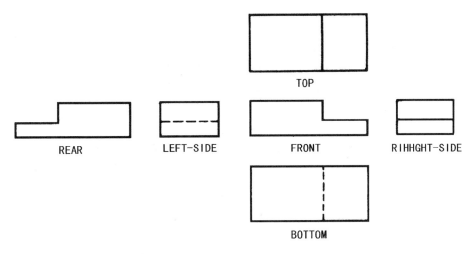

图 9.2　第三角投影的六个基本视图

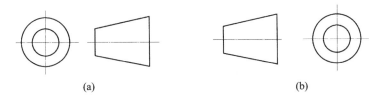

图 9.3　第三角画法和第一角画法的标记符号

# 9.2 飞机结构图纸认知

## 9.2.1 飞机工程图纸系统的组成、图纸类型和作用

### 1. 飞机工程图纸系统的组成

波音飞机公司在制造飞机过程中,需要用到生产图(Production Drawings)、电气线路图、工具图、布线图、逻辑图、模线图和结构(件)图解示意图等各种图纸,这些图纸组成了波音飞机工程图纸体系,这些图也可以总称为波音飞机工程图。

### 2. 飞机结构图纸的类型

波音飞机生产图是按正投影原理绘制并且按第三角投影体系配置的。生产图用于提供飞机零部件的制造、安装和装配等信息。波音飞机生产图纸中主要用于表达飞机结构的图纸,我们常称其为飞机结构图纸。飞机结构图纸又分成零件图、组件图和装配图三种类型。

零件图(Detail Drawings)由图纸页表示出制造单个零件所需的形状、尺寸和技术要求等全部信息资料。有些简单零件和标准件是没有单独的零件图的,它们用表示符号或者图形在组件图或装配图中表达。

组件图(Assembly Drawings)由图纸页和零件清单两部分组成。它主要表达两个或两个以上零件的连接组合与装配,也能表达单个简单零件制造信息。

装配图(Installation Drawings)也是由图纸页和零件清单两部分组成。它主要用来表达零件和组件在飞机上的位置及安装,也能表达简单零件和组件的信息。

### 3. 飞机结构图纸类型的识别

飞机结构图纸有零件图、组件图和装配图三种。通常,通过图纸标题栏中的图纸(零部件)名称来识别。如果图纸标题栏中的零件名称中,没有出现"ASSEMBLY"或"ASSY"和"INSTALLATION"或"STALL"字样,则该图就是零件图;如果图纸标题栏中的零件名称中,出现"ASSEMBLY"或"ASSY"字样,则该图就是组件图;如果图纸标题栏中的零件名称中,出现"INSTALLATION"或"STALL"字样,则该图就是装配图。

例1某一图纸标题栏中的图纸名称为"SKIN PANEL ,STA 360 To 540,S-14R To S-24R"(蒙皮,在站位360到540、桁条S-14R到S-24R之间位置),则该图是零件图。又如,某图纸名称为:"REAR SPAR-BONDED PART,AILERON"(后梁,副翼),该图也是零件图。

例2某图纸标题栏中的图纸零件名称为:"DOOR ASSEMBLY - CREW ENTRANCE"则该图是组件图。又如,某图纸名称为:"TORQUE TUBE ASSY",该图也是组件图。

例3某图纸标题栏中的图纸零件名称为:"BULKHEAD INSTALLATION - BODY STATION 311",则该图是装配图。又如,某图纸名称为:"RIB INSTL - WING STAION934.20 INSPAR RIB NO.29",该图也是装配图。

### 4. 飞机工程图纸的作用

由飞机制造公司工程设计部门设计出的飞机工程图纸主要有以下几个作用:

(1)准确地描述和表达零件;

(2)告诉制造者如何正确地制造、组装和安装零部件;

（3）用于订购原材料和零部件等；

（4）提供飞机制造公司保存正确的、永久的完工记录，同时也是飞机在制造出厂时的基本构型记录。（飞机出厂以后完成 STC、SB 或改装以后，图纸一般不会进行修改），这项工作是政府适航当局所要求的；

（5）图纸中规定了公差，使得制造和检验能够确认零部件满足规定的要求；

（6）图纸给出测试零部件所需的相应规范；

（7）为客户提供飞机技术资料以便维护和修理。

## 9.2.2 飞机结构图纸页认知

飞机结构图纸由图纸页（Picture Sheets）和零件清单（Parts List）组成。图纸页为图纸系统的图形说明部分，它表达零部件的形状特征、零部件的尺寸、零件或者组件之间的装配关系和安装位置等。图纸页上绘有足够的平面视图，配以尺寸、公差和标注符号等充分而又清晰地表达零部件，有的图纸上还绘有三维视图，使图纸更加容易读懂。零件清单以文字形式补充表达各零件的名称、零件图号、材料、修订情况、图纸上的旗标、通用代号标注的注释等内容。

图纸页可能只有一页，也可能有多页。当图样需要多于一张图纸表达时，该图纸就被称为多页图纸。通常，一个零部件太大或者太复杂，在一页图纸上画不下，就采用多页图纸。多页图纸以图纸的先后顺序在标题栏中用数字标出，例如，"SH1"、"SH 2"、"SH 3"等。

图 9.4 是某一飞机结构图纸，下面以它为例来详细说明图纸的图幅、分区、标题栏、修订栏等内容。

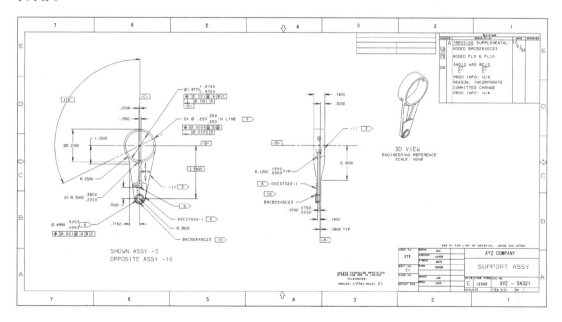

**图 9.4 飞机结构组件图纸**

### 1. 图 幅

图幅是指图纸页的尺寸大小。图纸页的大小从 $8.5 \times 11$ 英寸到 $36 \times 138$ 英寸。在图纸标题栏中，图纸的大小用图纸尺寸字母代号标注。最常用图纸的尺寸规格及其代号，如表 9.1 所列。

表 9.1　最常用图纸的尺寸规格及其代号

| 图纸尺寸(英寸) | 图纸尺寸的字母代号 | 图纸尺寸的数字代号 | 相当于我国图纸图幅代号 |
|---|---|---|---|
| 8.5×11 | A | 1 | A4 |
| 11×17 | B | 3 | A3 |
| 17×22 | C | 6 | A2 |
| 22×34 | D | 9 | A1 |
| 34×44 | E | 5 | A0 |
| 30×46 | F | | |
| 36×94 或者 36×138 | J | 5 | |

### 2. 图纸分区

（1）绘图分区

图纸的绘图格式已标准化。一张图纸分成三个主要的区域：标题栏区、修订区和绘图区，如图 9.4 所示。标题栏区设置标题栏，在标题栏的左侧一般标有尺寸通用公差等技术要求。修订区用于填写对图纸修改的内容。绘图区则是绘制结构(件)图形的区域。

（2）识图分区

飞机结构图纸的图纸幅面一般较大，有的结构图分多页绘制。为了便于阅读大张的图纸和多页图纸，通常在图纸页的四周边缘分别用字母和数字将整张图纸划分成若干个小的分区。规定沿图纸的上下边缘从右向左顺序标注数字，沿左右两侧边缘从下往上顺序用字母标注，如图 9.4 所示。用字母和数字划分的小区域使得查找所要的零部件或者视图更加方便和容易，例如，图 9.4 中所示飞机某组件的主视图在 C6 和 B6 区域。较小的图纸页也可以不划分区域。

### 3. 标题栏(Title Block)

标题栏总是位于图纸页的右下角。人们识读图纸，通常最先看标题栏。常见标题栏的格式，如图 9.5 所示。

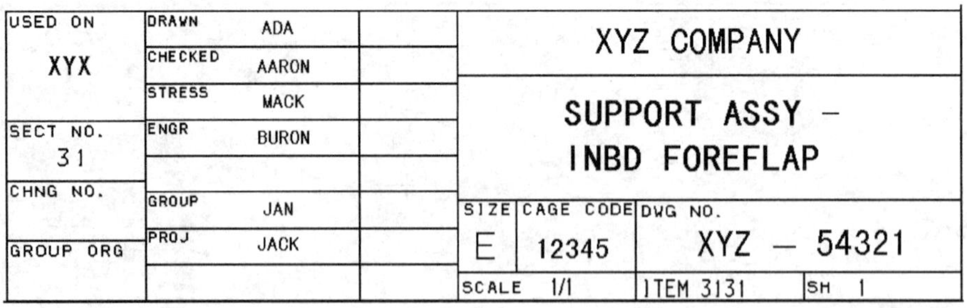

图 9.5　标题栏内容

通常，标题栏有以下的内容：

（1）图号(DWG NO.)，每个零件或者组件都有自己的图号。图号是识别图纸和将图纸归档最重要的依据。每个公司都有自己的图纸编号规则和系统。本例图号为 XYZ-54321。

（2）图纸名称(DRAWING TITLE)，在此处的图纸名称也称为结构(件)名称，本例该图纸名称为"SUPPORT ASSY - INBD FOREFLAP"，它表示：这是个支撑组件，且它用于内侧前襟翼。

图纸标题栏中的图纸名称由基本名字、连字号"－"和修饰语组成。基本名字回答"它是什么?"。修饰语是回答"它有什么用? 用在什么地方? 是干什么的?"。修饰语常常包含位置信息,诸如:"left or right, aft or forward, inboard or outboard"(左或右,前或后,内或外)或者他们的缩略字样。如果修饰语有多于一条,则他们之间用逗号隔开。相同图号的图纸页和零件清单都具有相同的图纸名称。

(3) 图纸页码(SH.),本例为"SH 1"

(4) 绘制比例(SCALE),比例是指图样中图形与其实物相应要素的线性尺寸之比。波音飞机结构图纸采用"/"或者":"比例符号进行标注比例。常用的比例,见表9.2。

表 9.2　波音飞机结构图纸常用比例

| 比例类型 | 比例值 |
| --- | --- |
| 全尺寸 | 1/1 或 FULL |
| 缩小比例 | 1/2, 1/4, 1/10, 1/20, 1/40 |
| 放大比例 | 2/1, 4/1 |
| 复合比例 | Noted, 1/1 & Noted , 2/1 & Noted,等 |

复合比例是指在某一份图纸上采用多种比例绘图,其标注如表9.2最后一栏所示。例如某图的比例栏标注为"1/1&NOTED",这表示该图中有的图形采用1:1的比例画图,有的图形不按1:1的比例画,不按1:1比例画的图形要在该图形下面标注所采用的比例。又如,某图的比例栏填写"NOTED",则表示该图采用多个比例,在每个视图下要标注所采用的比例。

(5) 图幅尺寸(SIZE),图幅尺寸用字母来表示图幅的大小,本例为"E",从前面的表 9.1 可知该图纸的大小相当于我国的 A0 号图幅。

(6) 制造厂家的联邦供应代码(FSCM)或者商业和政府机构编号(CAGE CODE),这些代码或者编号是由政府分配给予每个公司的,美国商务部用于对企业的技术和产品进行出口控制和管理。

(7) 基本的飞机型号,表明该图纸用于哪种型号的飞机。这一栏位于左上角,本例为"USED ON XYX"。

(8) 飞机的段号(SECT NO.),表明结构件或者结构组件被安装到飞机的哪个部位,本例为"SECT NO 31"。

(9) 署名栏,在这一栏署有该图初始版本负责人的姓名。

(10) 组别(GROUP),在这一栏填写对该图负责的工程部门的名称。

(11) 更改号(CHNG NO.),它用于核准该图页原始版本的发布。

**4. 波音飞机图纸编号系统简介**

波音商用飞机部先后设计了"无意义图纸编号系统"(Non‐Significant Numbering System)和"有意义图纸编号系统"(Significant Numbering System)两种图纸编号系统用于飞机结构图。无意义图纸编号系统是无规律的图纸编号系统,它是一种旧的图纸编号系统,它用于 B707、B727 以及早期制造的 B737‐200 和 B747‐200 飞机。现行的图纸编号系统是有意义图纸编号系统,它是基于波音飞机结构分类文件而开发的有规律的图纸编号系统。这种图纸编号系统首先用于 B757 和 B767 飞机,现在新设计的 B737、B747 和 B777 飞机都采用这种图纸编号系统。

（1）有意义图纸编号系统

有意义图纸编号系统采用八位字码表示图号,其所编图号的结构为:

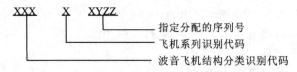

① 波音飞机结构分类识别代码

波音飞机结构分类识别代码由三位数字组成,其中左起第一位字码是主要部件的识别码,用数字0~9表示,他们的含义分别如下:

0—集成组装的产品

1—飞机各结构部件

2—飞机各系统

3—推进系统

4—有效载荷

5—测试、改进与评估

6—客户支持

7—工程设计计算机应用

8—未指定的

9—管理

波音飞机结构分类识别代码的第二、三位字码是两位数字,他们是由波音飞机结构分类文件指定的,用于识别主要部件的子组件。飞机结构分类编号系统,如图9.6所示。

② 飞机系列识别代码

左起第四位字码是字母,用于标识该图属于那种飞机系列。该字母也是指定的,他们的含义分别如表9.3所列。

表9.3 飞机系列识别代码

| 代码 | 代码含义 | 代码 | 代码含义 |
|---|---|---|---|
| A | B737 | W | B777 |
| U | B747 | D | E—6A(预警机) |
| N | B757 | X | 非生产图纸/文件 |
| T | B767 | Z | 新飞机设计 |

③ 指定分配的序列号

最后四位数字是指定的序列号,它是由工程设计部门从工程资料控制中心给出的。

④ 按照有意义图纸编号系统编制的飞机结构图纸图号示例:

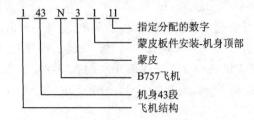

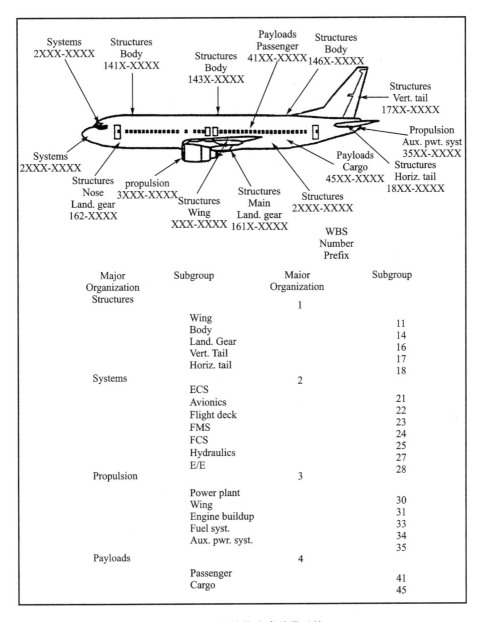

**图 9.6　飞机结构分类编号系统**

（2）无意义图纸编号系统（Non-Significant Numbering System）

按照老式结构图纸编号系统进行图纸编号的机型有 B707、B727 以及早期制造的 B737 和 B747 飞机。无意义图纸编号系统的结构，如下所示。

序列号由五位数字组成，它是由工程资料控制中心依顺序指定的。

飞机型号或机构名称代码用"-"或字母来表示;"-"或 C 代表 B707、727 和 B737 飞机; B 代表 B747 飞机;Y 代表飞行操纵部分;V 代表公务机。

按照无意义图纸编号系统编制的飞机结构图纸图号示例:

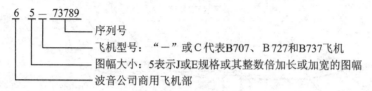

- 序列号
- 飞机型号: "-"或C代表B707、B727和B737飞机
- 图幅大小:5表示J或E规格或其整数倍加长或加宽的图幅
- 波音公司商用飞机部

（3）图号前缀

图号的前缀是采用一个或者两个字母添加在图号的前面为进一步定义图纸。相同的前缀可以用于新、老编号系统。

常用的图号前缀有:

PL(Parts List)、SK(Sketch)、LO(Layout)、S(Specification Control Drawing)、WL(Wiring List)、D(Document)和 E(Engineering Advanced Material Release)等。

例如,某飞机结构件图号为"411U3528",在其之前添加"PL"字样为:"PL411U3528"表示零件清单中的图号。

**5. 绘图区**

在图纸绘图区,根据所表达零构件的具体情况,采用一组恰当的视图、一组完整的尺寸、必要的形位公差和技术要求等绘制出零件图或者组件图或者装配图,以充分详细地表达飞机结构零件、组件和部件的制造和装配信息。

**6. 修订区**

图纸的修订区始终位于图纸页的右上角,它用来记录图纸修订更改的信息。例如图 9.4 中的修订栏,其格式和内容如图 9.7 所示。

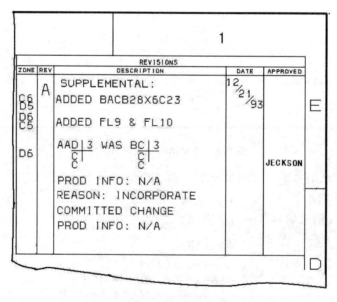

**图 9.7 修订栏及其内容**

修订区包括以下内容:

（1）ZONE 栏说明图纸上更改发生的地方，本例中 C6、D5、D6 等区域；

（2）REV 栏显示更改版本号，当该图纸为最初原始版时，该栏标有"—"符号。本例为"A"，即第一次修改，如果第二次修改则用"B"表示，以此类推。修订栏在手工绘制的图纸页上则称作 SYM 栏；

（3）Description 栏描述图纸页内更改的细节。该栏内还会说明更改号、更改原因和加工信息。如果有快速修订的 ADCN 页，ADCN 号也会列出；ADCN 最多只有 4 个、每个 ADCN 的更改都没有对图纸进行修改。当累计到第 5 个 ADCN 时，就会将前面几个 ADCN 合并成一个正常修订 DCN 进行更改。DCN 对图纸进行了更改或者换页。

（4）Date 和 Approved 栏显示对更改负责的人和更改日期。

**7. 零件号（Part Numbers）**

零件号是每个零件唯一的识别号码，图纸上每个零件、组装件和装配件都有各自的零件号。一个零件号的组成，如下例所示。

当一张图纸已给出制作结构件所需的全部详细信息时，在该图上这个结构件仅用带短划的数字（子号）表示即可。当零件以完整件号，即"图号＋子号"出现时，该零件会在另外的图纸中给出制作该件的详细信息。例如，某一零件号为 143N5911 - 14，那么它的详细信息在图号为 143N5911 的图纸中给出。

注意，在组件图上详细描述一个零件和表示一个零件是有差别的。详述零件的意思是组件图上一定包含完整的图形描述和零件清单信息；而表示零件则仅仅需要画出该零件的轮廓线并且标注完整的零件号即可。

对称零件的零件号（Part Numbers for Opposite Parts）

飞机上有许多对称的（镜像）零件，例如，左右对称的零件。过去，在一张人工绘制的图纸页上，通常仅绘出左件，该图示零件被指定以带杠奇数来表示。而对称的零件（右件）则以下一个可用的带杠偶数表示，例如，图示左件用"－3"表示，其对称的右件用"－4"表示。通常，会在图纸适当的位置用文字标出："左件如图所示，右件对称"的字样。现在，采用计算机 CAD 绘制的图纸，左侧零件和右侧零件两者可能都被画出。波音的图纸 － 1 通常表示左件，－2 表示右件。空客通常－0／－2 表示左件，－1／－3 表示右件。

## 9.2.3　飞机结构图纸图形表达认知

### 1. 线型标准（Line Standards）

绘制波音飞机结构图纸所用的图线已标准化，且与我国机械工程制图图线的标准和用法基本相同。常见的线型及其用法，如表 9.4 所列。

表 9.4　线型标准

| 图线名称 | 图线型式 | 图线宽度 | 一般应用举例 |
|---|---|---|---|
| 粗实线 | —————————— | $d$（粗） | 可见轮廓线 |
| 细实线 |  —————————— | $d/2$（细） | 尺寸线及尺寸界线<br>剖面线<br>重合断面的轮廓线<br>过渡线 |
| 细虚线 |  – – – – – – | $d/2$（细） | 不可见轮廓线 |
| 细点画线 |  —·—·—·—·— | $d/2$（细） | 轴线<br>对称中心线 |
| 粗点画线 | —·—·—·—·— | $d$（粗） | 限定范围表示线 |
| 细双点画线 |  —··—··—·· | $d/2$（粗） | 相邻辅助零件的轮廓线<br>轨迹线<br>极限位置的轮廓线<br>中断线 |
| 波浪线 |  ～～～～ | $d/2$（细） | 断裂处的边界线<br>视图与剖视的分界线 |
| 双折线 |  ⌁⌁ | $d/2$（细） | 同波浪线 |
| 粗虚线 |  — — — — — | $d$（粗） | 允许表面处理的表示线 |

**2. 零件标注(Part Callouts)**

零件标注用来识别图纸页上的不同个体。在图纸页中，零件用他们的件号标注，如图 9.8 所示。图纸页中的一些主要结构件只用子号标注，即中横线(杠)＋数字表示。子号一般标于主视图的下方，本例为：－1。在其他图纸(非自身图纸)上的零件件号需要用完整的件号表示，即图号＋子号，本例为：123X3123－1。

除了件号由视图名称给出的情况，其他所有件号都用箭头指向零件边缘线的引线给出，本例为－3。

图纸页中的所有件号都在零件清单(PL)中列出，但有些车间标准备件可能不会列出。

**3. 用查找号代替零件标注**

查找号提供了图纸页上的件和零件有效性列表(PL)里的件号的交叉索引方法。在图纸页中，它替代了真实件号，一般用一个带圆圈的数字表示，如图 9.9 所示。

**4. 参考标注号**

图纸中有些零构件用细双点划线画出，仅在读图时起参考作用，这些零件用参考标注号表达。参考标注号为：图纸号＋字母"REF"，如图 9.9 所示。

**5. 车间标准备件(Shop Distribution Standards(简称 SDS))**

车间标准备件是生产线厂家供应的常用件，如螺帽、螺杆、铆钉、垫片、保险丝等等。有时候在某些情况下，车间标准备件在图上被标出来，但是在零件有效性清单里没有列出。

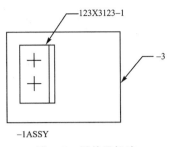

图 9.8　零件号标注

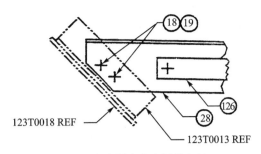

图 9.9　查找号和参考零件标注

## 6. 绘图符号 Drawing Symbols

飞机结构图纸上常常用一些简单的符号或者规定的画法来分别表达某种含义使图纸简洁易读。常用的符号、含义及其应用如表 9.5 所列。

表 9.5　常用绘图符号及其含义

| 名　称 | 符　号 | 说明及应用 | 图　例 |
|---|---|---|---|
| 中心线 | ₵L | 用于表达物体的中心轴线或者对称中心平面 | STRUT / WL97 / ₵L ENGINE |
| 旗标 | | 在旗标符号内标注数字、字母或者符号用于表达旗标箭头所指处的标记，其详细说明在零件清单中描述。<br>注:字母或符号仅在特殊场合应用。 | NAG 1304-ISD<br>NAG 43DD4-19(2)<br>AN 860 D416<br>AN 310-4<br>MS 24665-153<br>INSTALL COTTER PIN PER BAC 5018 |
| 方向指示 | UP / FWD / INBD | 表明视图或者某零构件相对飞机坐标的方位 | VIEW A–A<br>UP<br>FWD |
| 紧固件位置 | ┼ | 表示紧固件孔位置、紧固件类型和紧固件直径等 | XD 5 ┼ ┼ ┼ XD 5 |
| 直径 5/32 紧固件位置 | ┼5 | | |
| 铆钉符号 | XD 5 | | |

| 名　称 | 符　号 | 说明及应用 | 图　例 |
|---|---|---|---|
| 坐标孔 | ⊕K | 坐标孔用于安装零件、组件或者装配 | ℄ B<br>B UP 90° X.19R |
| 配合坐标基准面 | $ | 用于协调重要零部件以及加工的参考基准面 | $ |
| 工艺孔 | T ⊕ H | 定位孔,在制造零部件的加工过程中保持零部件定位 | T⊕H<br>OML |
| 站　位 | STA 360 | 用于表示机身站位(STA)<br>水线站位(WL)<br>纵剖线站位(BL) | STA 360<br>WL 92.74 |
| 限制松动 | 00 | 限制松动,参见组件明细清单对松动的要求 | NAS 1801-3-8<br>NAS 1802-3-8<br>00 |
| 金属棒料折断 | | 用于表达实心棒料假想折断 | |
| 金属管料折断 | | 用于表达空心管料假想折断 | |

**7. 永久紧固件代号（Permanent Fastener Symbols）**

（1）铆钉和其他永久紧固件

铆钉和其他永久紧固件，包括锁螺栓，在图纸上用代号标出。紧固件代号表示紧固件孔的位置和该位置安装的紧固件类型，如图 9.10 所示。

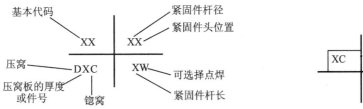

图 9.10　紧固件代号的表达形式及其含义　　图 9.11　有液密要求的紧固件的表达

紧固件代号包括：

- 基本代码由两个或者三个字母代码表示紧固件的类型、头型。当该处的字母被线条框住，如图 9.11 所示，该例表示为该紧固件安装时要求液密，否则为普通型。
- 紧固件的直径，用数字表示，以 1/32 英寸为单位。
- 紧固件头位置是指紧固件头安装位置，字母"N"表示近端，即紧固件头安装在图纸所示的靠人的近端；字母"F"表示紧固件头安装在远端。若无字母，则表示紧固件头的方向可以任意安装。
- 紧固件埋头窝的制作要求，字母"D"表示压窝，"C"表示锪窝。
- 紧固件长度或者铆接厚度，用数字表示，以 1/16 英寸为单位。

紧固件代号的完整解释请参照 BACD2074 文件。

当紧固件代号在图纸页上出现时，图纸上会有紧固件代号说明栏给出，方便交叉检索。紧固件代号说明栏，通常位于图纸右上角靠近图纸修订栏的地方，如图 9.12 所示。有时，紧固件代号说明也标注在靠近紧固件标注处附近的空当的地方。

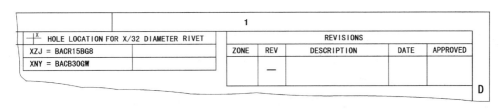

图 9.12　紧固件代号说明栏

（2）可拆卸紧固件代号（Removable Fastener Symbols）

可拆卸紧固件，诸如，螺栓和螺帽，在图纸上不用紧固件代码表示。它们只用十字中心线表示紧固件孔的位置并且用一个完整的件号标注，如图 9.13 所示。

**8. 视图（Picture Sheet Views）**

视图主要用于表达零构件的可见部分，必要时可用虚线表示其不可见部分。

（1）详细视图

详细视图是通过放大某个物体或者某个物体的局部区域来详细描述它的细节。详细视图和原视图在同样的视角平面上，通常是放大比例尺画法。视图用箭头标注，也可以用带圆圈的

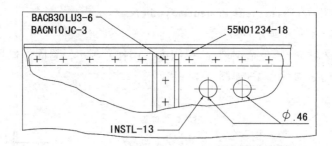

**图 9.13　可拆卸紧固件的标注**

字母标注。所有详细视图用字母或者罗马数字命名。见图 9.14（a）所示。图 9.14（b）所示为局部放大图。

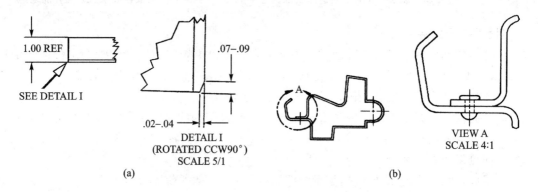

**图 9.14　详细视图**

（2）详细视图的旋转

为了图纸的表达清楚,有时候需要旋转视图。旋转可以有两个方向:顺时针或逆时针。详细视图的名称后会给出该视图的旋转角度和方向,如图 9.14（a）所示。CCW 表示逆时针;CW 表示顺时针。

**9.　剖视图**（Sections Views）

剖视图就好像用一个薄片切割一个零件而产生的剖面形状,它用来描述物体的内部结构和隐藏的特征,因为这些信息在外部视图中是不能清楚表达的。剖视图可能是对整个物体取剖面,也可能只取物体某部分的剖面。

剖视图用字母或者字母和数字组合与箭头标注。箭头的方向即为剖面视图的观察方向。在剖切位置明显,且不会引起误会的情况下,剖面线往往省略不画,如图 9.15 所示。

**10.　辅助视图**

辅助视图用来表达标准视图中没有表达清楚的特征信息。辅助视图的标注和剖面视图基本相似,用指向平面的箭头表示视图的观察方向,但其区别在于,这个带箭头标注线的位置在物体之外。辅助视图是从物体外部的某个特定方向对物体进行观察,并表达在该方向上看到的外部特征,实际上相当于我国制图标准中的斜视图。它能给出倾斜于基本投影面复杂物体的真实外形、真实角度和真实尺寸,如图 9.16 所示。

**11.　轴测图**

轴测图能够在同一个视图上表达物体的三个面。为了达到这个目的,一般物体需要倾斜

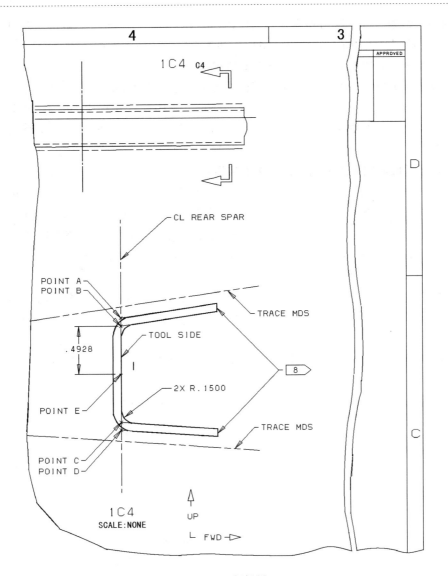

图 9.15 剖视图

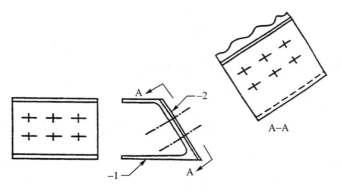

图 9.16 辅助视图

并旋转到一个恰当位置。因为物体倾斜的原因,某些线条会比实际尺寸要短。在很多安装图上都有一个小的飞机轴测图,它可以清楚地告知主视图的位置和方向。

**12. 未划分区域的图纸上视图或剖视图的辨别**

除按视图关系配置的基本视图不需要标注外,其他的视图需要通过在视图上标注箭头和字母或者罗马数字来表示其投影方向和位置。通常新视图配置在标注处附近,其名称则与箭头旁边的字母或者罗马数字相同。例如,图 9.16 中箭头 A 表示新视图 A－A 视图的投影方向,该视图名称则为 A－A 视图,它实际上是斜视图。

**13. 划分区域的图纸上视图或剖视图的辨别**

在划分区域的图纸上,通常用所在区域的数字和字母组合来标注视图及其名称。如果在同一个区域有几个视图,可以在区域代码前加一个数字以示区别。例如,在区域 G4 有两个视图,那么一个视图可以命名为 1G4,另一个则称之为 2G4。除此之外,在该视图标注名上再加一个区域码下标,以表示该视图在那个区域画出。例如 $1G4_{C5}$ 表示在区域 G4 标号为 1 的剖视图或者视图位于本页图纸的 C5 区域。

在采用多页图纸表达的情况下,有时候需要在某图纸页上某处标注引出视图,但该新视图不画在本页图纸上,而是画在另外一页图纸页上时,需要在下标区域码的后面再加"－页码数字"表示该视图所在的图纸页。例如,某剖视图标注为 $2B3_{C4-6}$,它表示图纸 B3 区域标号为第 2 个的剖视位置,剖视图本身位于第 6 页的 C4 区域,在图纸的第 6 页剖视图的名称还是 2B3。视图标注、名称及其位置示例,如图 9.17 所示。

| 标注符号 | 视图名称 | 视图位置 |
|---|---|---|
| $2B5_{C6-6}$ | 2B5 | 图纸第6页C6区域 |
| $1C10-1_{D5-3}$ | 1C10 | 图纸第3页D5区域,－1表示图纸第一页 |
| $1D6_{C8-7}$ | 1D6 | 图纸第7页C8区域 |
| See－$1E7_{D5}$ | 1E7 | 本页D5区域 |
| $2G4_{A9-5}$ | 2G4 | 图纸第5页A9区域 |

图 9.17　视图标注、名称及其位置示例

# 9.2.4　飞机结构图纸尺寸和技术要求的识读

## 1. 尺寸(Dimensions)

尺寸是图样中的重要内容之一,它用以确定物体的大小,位置和形状特征。

(1)尺寸标注

在波音飞机结构图纸中,线性尺寸以英寸作为单位。线性尺寸来标注物体的长度、高度和宽度。除此之外,线性尺寸还可以表达其他信息,例如孔的深度、贴合面的位置和安装位置等,如图 9.18 所示。注意:标注尺寸时,常用十进制数字标注;如果尺寸小于1,则小数点之前的"0"通常省略不注。

（2）圆弧标注

圆弧尺寸用规定的格式来标注。有两种圆弧：内圆弧（FILLETS）和外圆弧（ROUNDS）。内圆弧和外圆弧都用圆弧的半径符号"R"表示。圆弧半径的大小用符号"R"＋圆弧半径数值或者圆弧半径数值＋"R"标注。通常，表示半径的数值是一个十进制的数字，其单位是英寸，如图 9.19 所示。

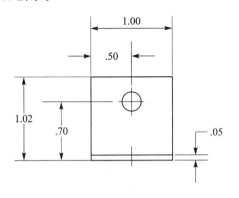

图 9.18　线性尺寸及其标注

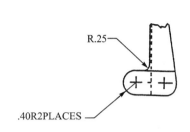

图 9.19　圆弧标注

（3）直径标注

圆、圆柱和孔的主要尺寸参数是直径。直径用符号"$\Phi$"或者"DIA"表示。直径的大小用符号 $\Phi$＋直径数值或者直径数值＋符号 $\Phi$ 表示，符号 $\Phi$ 可用"DIA"代替。直径数值可以用分数或者小数的形式标注，其单位为英寸，如图 9.20 所示。

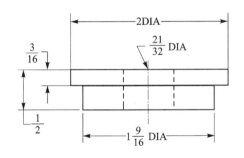

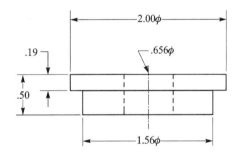

图 9.20　直径标注示例

（4）角度标注

角度的大小用角度尺寸来标注。在以前的图纸中，角度一般以度、分、秒的格式表示，而现代飞机结构图纸多以十进制度数表示，其标注方式与我国制图标准规定的相同。

**2. 尺寸公差（ Tolerances）**

公差是指零件的实际尺寸可以偏离设计尺寸的范围。实际尺寸可以是公差的最大限定值和最小限定值之间的任意值。波音图纸有两种公差的表示方法：通用公差和特定公差。

（1）通用公差

通用公差，通常用文字标注在图纸标题栏的左边。除了标有特定公差的尺寸以外，图纸上其余所有尺寸都使用这个通用公差，如图 9.21 所示。

本例中，尺寸的通用公差，当尺寸标注为小数点后一位的尺寸时，按±.1公差要求制造；

当尺寸标注为小数点后两位的尺寸时,按±.02公差要求制造;当尺寸标注为小数点后三位的尺寸时,按±.004公差要求制造。角度的通用公差为±30′。

（2）特定公差

当通用公差不能满足某个特定尺寸的精度要求时,需要给这个尺寸特定公差。特定公差在视图上的特定尺寸后给出。标注特定公差的方式有多种,见图9.22所示。

| Tolerances Unless Noted Otherwise | |
|---|---|
| One Place Decimal | ± .1 |
| Two Place Decimal | ± .02 |
| Three Place Decimal | ± .004 |
| Angular | ± 0°30' |

图 9.21　通用公差示例

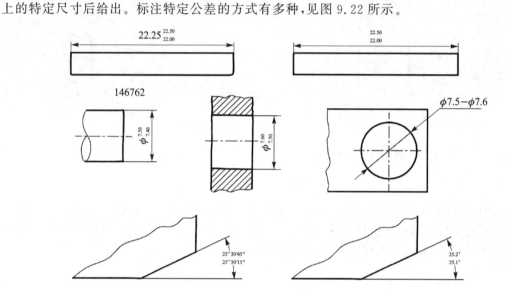

图 9.22　特定公差示例

**3. 形位公差**

形位公差是指零件的实际形状和位置相对于理想形状和位置的允许变动量。形位公差用公差框格、规定的符号、公差数值、基准代号等标注。波音图纸采用的形位公差符号和标注方法与我国国家制图标准规定的形位公差基本相同。波音图纸采用的形位公差符号,如表9.6所列。形位公差的应用,如图9.4中所示。

**4. 零件细节表达**

（1）倒角（如图9.23所示）

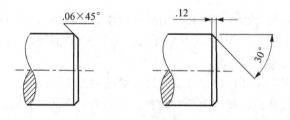

图 9.23　倒角及标注

（2）盲孔标注,需要标注出孔径和钻孔的深度,如图9.24所示。例如,.375ΦDR1.00DP表示孔径.375英寸,DR表示钻孔,1.00DP表示深1.00英寸。孔深也可用孔深度符号表示,如图9.24所示。

**表 9.6　形位公差符号**

| 分类 | 名称 | 符号 | 分类 | 名称 | 符号 |
|---|---|---|---|---|---|
| 形状分差 | 直线度 | — | 位置公差 | 平行度 | // |
| | 平面度 | ▱ | | 垂直度 | ⊥ |
| | 圆度 | ○ | 定向 | 倾斜度 | ∠ |
| | 圆柱度 | ⌭ | | 同轴度 | ◎ |
| 形状或位置 | 线轮廓度 | ⌒ | 定位 | 对称度 | = |
| | | | | 位置度 | ⊕ |
| | 面轮廓度 | ⌓ | 跳动 | 圆跳动 | ↗ |
| | | | | 全跳动 | ⌰ |

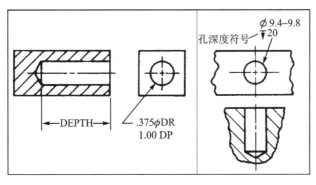

**图 9.24　盲孔及标注**

（3）沉孔标注，普通沉孔（COUNTERBORE 简称"CBORE"）；埋头沉孔（COUNTER-SINK 简称"CSK"），在图纸上的表达，如图 9.25 和图 9.26 所示。

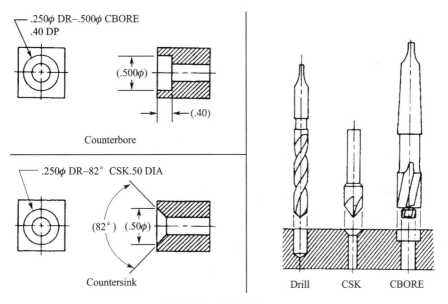

**图 9.25　沉孔标注一**

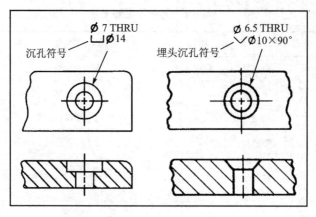

图 9.26　沉孔标注二

（4）螺纹孔标注，如图 9.27 和图 9.28 所示。

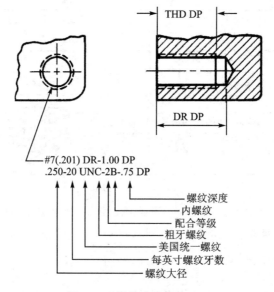

图 9.27　螺纹孔及标注一

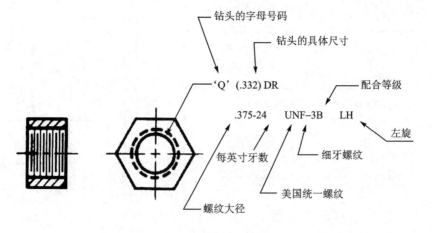

图 9.28　螺纹孔及标注二

（4）多头螺纹表达,在普通的螺纹标注后面添加"DBL"或者"TRIPLE"字样就表达多头螺纹。例如,".625-11 UNC-2A DBL"表示双头螺纹;".625-18 UNF-3A TRIPLE"表示三头螺纹,如图 9.29 所示。

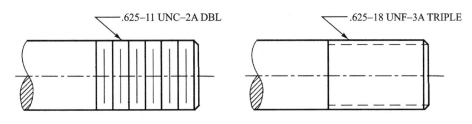

图 9.29　多头螺纹表达

（5）键槽和沟槽的标注,其中键槽(Keyseats 简写为"KST"),半圆键槽(Woodruff Keyseat 简写为"WDF K")如图 9.30 所示。

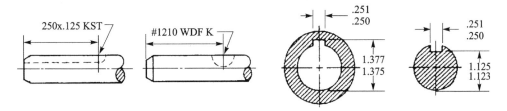

图 9.30　键槽和沟槽标注

（5）锥度标注,如图 9.31 所示。

零件锥度可用锥度符号表示,如图 9.31(a)所示;也可以标注每英尺锥度(TPF)或者每英寸锥度(TPI)来表达,如图 9.31(b)所示。若要将每英尺锥度转换为每英寸锥度,则要将每英尺锥度数值除以 12,(1 英尺＝12 英寸)。

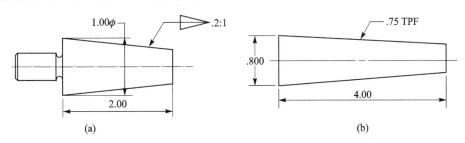

图 9.31　锥度标注

例已知:某一圆锥体大头直径为.800 英寸,锥度为.75TPF,长度为 4.00 英寸,求小头直径为多少?

解:分析,该题给出的锥度是每英尺锥度,而图上所标注的尺寸是英寸,所以要把每英尺锥度转换为每英寸锥度。

计算,.75TPF÷12＝.0625 TPI

.0625 TPI×.400＝.250 (in.)

.800－.250＝.550 (in.)

小头直径为 .550（in.）

（6）抛光符号（Finish Symbols），如图 9.32 所示。

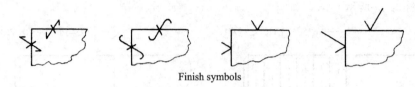

Finish symbols

图 9.32 抛光符号

（7）表面粗糙度（Surface Rough），零件表面上具有较小间距和峰谷所形成的微观几何形状的特征，称为表面粗糙度。表面粗糙度常用轮廓算数平均偏差参数 $Ra$ 表示，其公制单位用 Micrometers 即"$\mu$m"表达；英制单位用 Microinches 即"$\mu$in"表达。公制的 $Ra$ 和英制的 $Ra$ 之间有相应的等值关系，如表 9.7 所列。

表 9.7 公英制 $Ra$ 的对应关系

| 轮廓算数平均偏差参数 | 公英制轮廓算数平均偏差参数的对应关系 | | | | | | | | | | |
|---|---|---|---|---|---|---|---|---|---|---|---|
| 公制 Ra（Micrometers） | 0.025 | 0.05 | 0.1 | 0.2 | 0.4 | 0.8 | 1.6 | 3.2 | 6.3 | 12.5 | 25 | 50 |
| 英制 Ra（Microinches） | 1 | 2 | 4 | 8 | 16 | 32 | 63 | 125 | 250 | 500 | 1 000 | 2 000 |

表面粗糙度标注示例，如图 9.33 所示，图（a）是公制表面粗糙度 $Ra$ 值标注例，1.6 代表 $Ra$ 值为 1.6 $\mu$m，即 0.0016 mm；图（b）英制表面粗糙度 $Ra$ 值标注示例，63 代表 $Ra$ 值为 63 $\mu$in，即 .000063 in。

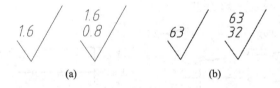

(a)          (b)

图 9.33 表面粗糙度符号

（8）常用剖面线符号，如图 9.34 所示，图（a）用于表达铸铁、锻钢和所有金属件的剖切面；图（b）用于表达钢件的剖切面。

**注意**：波音飞机结构图纸对比较明显的或不易搞混的剖切面常常省略不画出剖面线。

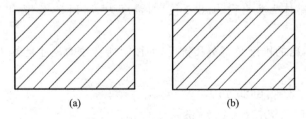

(a)          (b)

图 9.34 常用剖面线符号

# 9.3　飞机结构零件图的识读

零件图是制造结构件的唯一依据。在一份零件图中,图纸页和零件清单为制造零件提供全部制造资料。一份零件图可能包含一个或者多个零件,但是,每一个零件是单独分开的,不连接在一起。制造零件所需的全部制造资料均包含在图纸页和零件清单中。

**1. 零件图的内容**

零件图的内容包括下列内容:

- 零件的尺寸和形状
- 公差配合
- 原材料尺寸和材料牌号
- 热处理
- 表面粗糙度
- 零件编号和标记说明
- 孔的位置
- 保护涂层
- 加工规范和标准
- 该零件将被用于的上一级结构件的图号

**2. 零件图的识别**

通过图纸标题栏中的零件名称,零件图很容易被识别。假如名称标题出现"ASSEM-BLY""ASSY"或"INSTALLATION""STALL"字样,该图就不是零件图;反之,则是。例如:某一图纸标题栏中的图纸名称为"SHAFT - SPLINED,ENTRY DOOR"(花键轴,登机门),则该图是零件图。又如,图纸名称为:"ANGLE - LATCH SUPPORT",该图也是零件图。图纸的大小不能说明图纸类型,有的零件图图幅很小,而有一些零件图图幅很大。图幅的大小取决于所表达零件的大小与复杂程度。零件图不表示零件的位置、方位或者紧固方法。零件图可能给出有关紧固件最终安装在什么位置的信息,但不会给出紧固件本身的信息。

**3. 识读飞机结构零件图的步骤**

现以飞机副翼后梁零件图为例,如图 9.35 所示,综合运用前面所学知识、学习如何识读飞机结构图纸。

识读飞机结构零件图的一般步骤如下:

(1)识读标题栏

(2)识读视图

分析视图,想象形状,分析细节,看懂图纸。

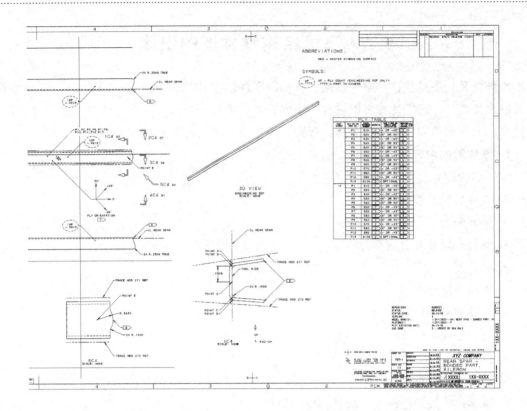

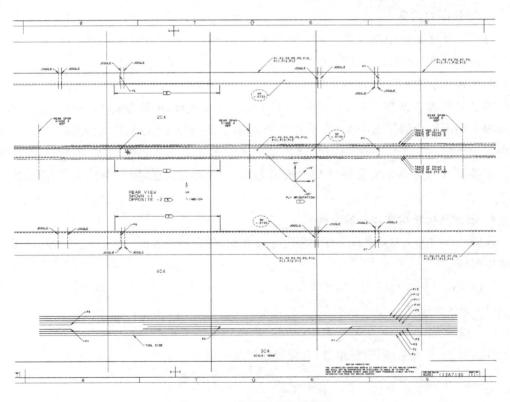

图 9.35　飞机副翼后梁零件图

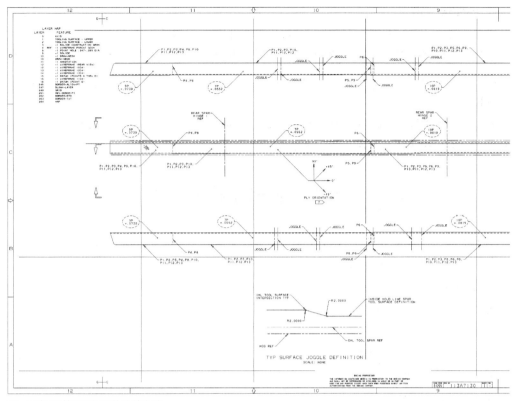

注：飞机副翼后梁的零件清单省略。

**图 9.35 飞机副翼后梁零件图(续)**

# 9.4 飞机结构组件图的识读

组件图用于表达两个或两个以上零件的连接组合与装配在一起,如图 9.4 所示。组件图还可表达零件的信息资料。

**1. 组件图的内容**

组件图主要包含以下内容:

- 零件清单
- 各零件如何装配在一起(各零件之间的装配关系)
- 零件编号和标记说明
- 零件连接紧固方法
- 保护涂层
- 加工规范和标准
- 图中标记说明

- 含有该组件的上一级结构组件的图号

**2. 组件图的识别**

通过图纸标题栏中的图纸名称来识别组件图。如果图纸标题栏的图纸名称中有"Assembly"或者"ASSY"字样,则该图纸为组件图。下面是两个组件图的例子,其零件名称分别为:"DOOR ASSEMBLY – CREW ENTRANCE"和"ROD ASSY – INBOARD,ELEVATOR CONTROL"。

假如,某组件图上欲详细表达某个零件,那么制造这个零件所需的全部信息都应该给出。另外,一份组件图也可以表达一个以上的组件。

# 9.5 装配图的识读

装配图主要用来表明零件和组件在飞机上的安装位置,如图 9.36 所示。装配图也可能用来表达零件和组件的信息资料。

**1. 装配图的内容。**

装配图包括以下内容:

- 零件清单
- 位置尺寸(相对于飞机结构)
- 件号和有效性
- 零件连接紧固方法
- 工艺规范和标准
- 图中标记说明
- 含有该装配件的上一级装配件的图号

**2. 装配图的识别**

通过图纸标题栏中的图纸名称,装配图很容易被识别。如果图纸标题栏的图纸名称中出现"INSTALLATION"或者"INSTL"字样,则该图纸为装配图。下面是两个装配图的例子,其零件名称分别为:"BULKHEAD INSTALLATION – BODY STATION 311"和"RIB INSTL – WING STAION934.20 INSPAR RIB NO.29"。

假如某装配图上欲详细表达某个零件或者某个组件,则装配图会给出制造这个零件或者组件所需的全部信息。另外,一份装配图也可能表达一个以上的装配件。

**3. 装配图与组件图的区别**

装配图与组件图之间的区别是:装配图用于表达结构件或者组件在飞机上的相对位置,而组件图用于表达结构组件内各结构件之间的相对位置。除此之外,装配图与组件图包含的内容相同。

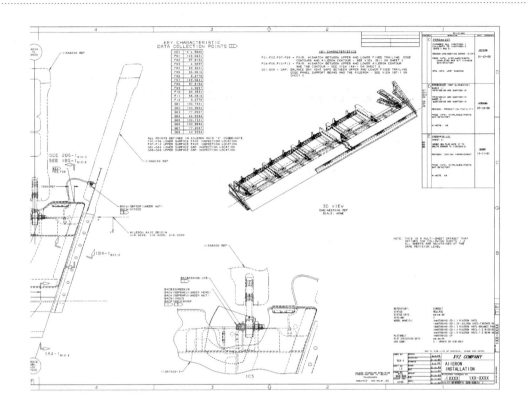

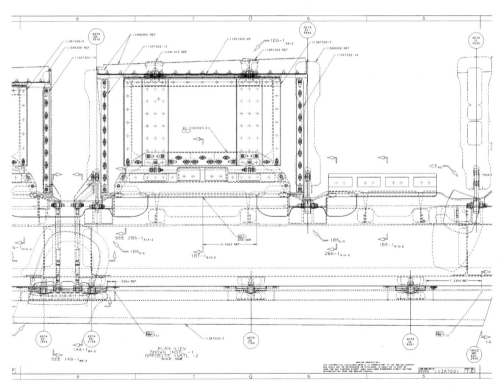

图 9.36  副翼安装图

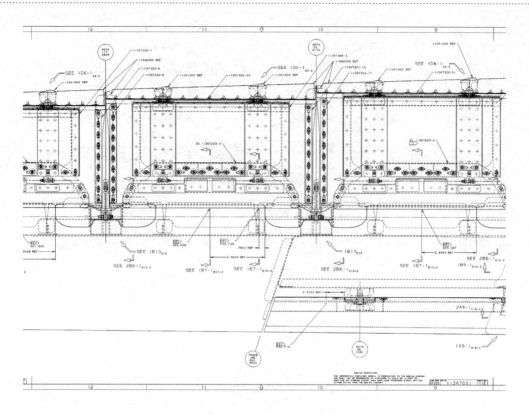

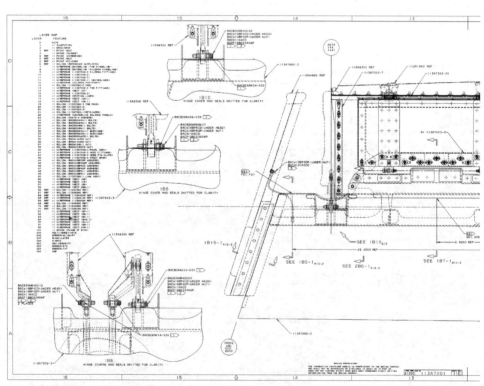

注：飞机副翼安装图的零件清单省略。

**图 9.36　副翼安装图(续)**

# 课后练习题

1. 第三角投影与第一角投影有哪些异同?
2. 画出第一角画法和第三角画法的标记符号。
3. 波音飞机工程图纸系统主要由哪些图纸组成的?
4. 飞机结构图纸有哪几种类型?
5. 飞机工程图纸有哪些作用?
6. 简述最常用图纸的尺寸规格及其代号。
7. 一张飞机结构图纸分成哪几个主要的区域?
8. 在飞机结构零件图的标题栏中,能读取哪些方面的信息?

# 参考文献

[1] 湖南省建筑技工学校等.铆工工艺学[M].北京:中国建筑工业出版社出版,2007.

[2] 李西宁,常正平,翟平.飞机钣金成型原理与工艺[M].西安:西北工业大学出版社,2021.

[3] 中国航天科技集团公司人力资源部.高技能人才绝技绝招 100 例[M].北京:中国宇航出版社,2008.

[4] 职业技能培训 MES 系列教材编委会.铆装钳工技能[M].北京:航空工业出版社,2008.

[5] 《航空制造工程手册》总编委会.航空制造工程手册:飞机装配[M].北京:航空工业出版社,2010.

[6] 薛红前.飞机装配工艺学[M].西安:西北工业大学出版社,2015.

[7] 西飞公司.国外飞机装配工具选用指南[M].1997.

[8] 人力资源和社会保障部教材办公室组织编写.冷作钣金工.北京:中国劳动社会保障出版社,2011

[9] 曾元松.航空钣金成形技术.北京:中航出版传媒有限责任公司,2014.

[10] 李德富,王兵.钣金展开实用手册.上海:上海科学技术出版社,2011.

[11] 邱言龙,雷振国.钣金工速查表.上海:上海科学技术出版社,2013.

[12] 钟展,刘清杰,董小磊.钣金成形工艺.北京:北京航空航天大学出版社,2019.

[13] 丁继斌.钣金识图.北京:化学工业出版社,2011.

[14] 虞浩清、姜泽锋.飞机结构图纸识读与常用维修手册使用.北京:清华大学出版社,2013.